无处不在的化学

Wuchubuzai de
Kexue Congshu

WUCHUBUZAI
DE HUAXUE

（最新版）

本丛书编委会◎编
吕 宁 王 玮◎编著

科学早已渗入我们的日常生活，并无时无刻不在影响和改变着我们的生活。无论是仰望星空、俯视大地，还是近观我们周遭咫尺器物，处处都可以发现科学原理蕴于其中。

WPC
广州·北京·上海·西安
世界图书出版公司

U0727641

图书在版编目（CIP）数据

无处不在的化学／《无处不在的科学丛书》编委会
编著．—广州：广东世界图书出版公司，2009.12 （2024.2 重印）
（无处不在的科学丛书）
ISBN 978－7－5100－1451－2

Ⅰ．①无… Ⅱ．①无… Ⅲ．①化学－普及读物 Ⅳ.
①06－49

中国版本图书馆 CIP 数据核字（2009）第 216943 号

书　　名	无处不在的化学
	WU CHU BU ZAI DE HUA XUE
编　　者	《无处不在的科学丛书》编委会
责任编辑	柯绵丽
装帧设计	三棵树设计工作组
出版发行	世界图书出版有限公司　世界图书出版广东有限公司
地　　址	广州市海珠区新港西路大江冲 25 号
邮　　编	510300
电　　话	020-84452179
网　　址	http://www.gdst.com.cn
邮　　箱	wpc_gdst@163.com
经　　销	新华书店
印　　刷	唐山富达印务有限公司
开　　本	787mm×1092mm　1/16
印　　张	13
字　　数	160 千字
版　　次	2009 年 12 月第 1 版　2024 年 2 月第 7 次印刷
国际书号	ISBN　978-7-5100-1451-2
定　　价	49.80 元

"光辉书房新知文库"

总策划/总主编:石　恢

副总主编:王利群　方　圆

本书作者

　　石　榕　朱　鹏

序：生活处处有科学

提起"科学"，不少人可能会认为它是科学家的专利，普通人只能"可望而不可及"。其实。科学并不高深莫测，科学早已渗入到我们的日常生活，并无时无刻不在影响和改变着我们的生活。无论是仰望星空、俯视脚下的大地，还是近观我们周遭咫尺器物，都处处可以发现有科学之原理蕴于其中。即使是一些司空见惯的现象，其中也往往蕴含深奥的科学知识。

科学史上的许多大发明大发现，也都是从微不足道的小现象中深发而来：牛顿从苹果落地撩起万有引力的神秘面纱；魏格纳从墙上地图揭示海陆分布的形成；阿基米德从洗澡时溢水现象中获得了研究浮力与密度问题的启发；瓦特从烧开水的水壶冒出的白雾中获得了改进蒸汽机性能的想象；而大名鼎鼎的科学家伽利略从观察吊灯的晃动，从而发现了钟摆的等时性……

所以说，科学就在你我身边。一位哲人曾说："我们身边并不是缺少创新的事物，而是缺少发现可创新的眼睛"。只要我们具备了一双"慧眼"，就会发现在我们的生活中科学真是无处不在。

然而，在课堂上，在书本上，科学不时被一大堆公式和符号所掩盖，难免让人觉得枯燥和乏味，科学的光芒被掩盖，有趣的科学失去了它应有的魅力。

常言道，兴趣是最好的老师，只有培养起同学们从小的科学兴趣，才能激发他们探索未知科学世界的热忱和勇气。拨开科学光芒下的迷雾，让同学们了解身边的科学，爱上科学，我们特为此精心编写了这套"无处不在的科学"丛书。

该丛书共包括11个分册，它们分别是：《生活中的科学》《游戏中的科学》《成语中的科学》《故事中的科学》《魔术中的原理》《无处不在的数学》《无处不在的物理》《无处不在的化学》《不可不知的科学名著》《不可不知的科普名著》《不可不知的科幻名著》等。

在编写时，我们尽量从生活中的现象出发，通过科学的阐述，又回归于日常生活。从白炽灯、自行车、电话这些平常的事情写起，从身边非常熟悉的东西展开视角，让同学们充分认识：生活处处皆学问，现代生活处处有科技。

今天，人类已经进入了新的知识经济时代，青少年朋友是21世纪的栋梁，是国家的未来，民族的希望，学好科学是时代赋予他们的神圣使命。我们希望这套丛书能够激发同学们学习科学的兴趣，打消他们对科学隔阂疏离的态度，树立起正确的科学观，为学好科学，用好科学打下坚实的基础！

本丛书编委会

目 录

引 言 …………………………………………… 1

食品与化学 ……………………………… 3

生柿子为什么有涩味 ……………………… 3

为什么大米饭加上酒药后就成了甜酒 …… 5

为什么臭豆腐 "闻着臭，吃着香" ……… 8

酵母与发酵粉的较量 …………………… 10

鸭蛋如何变成美味的松花蛋 …………… 13

鸡蛋、牛奶可以用来解毒吗 …………… 17

什么时候不宜饮茶 ……………………… 18

怎样保存油脂 …………………………… 20

金黄色的香蕉 …………………………… 21

盐只能用来煮食吗 ……………………… 24

为什么吃云吞面要加点醋 ……………… 25

味精有没有益 …………………………… 27

不要把菠菜和豆腐放在一起做菜 ……… 29

为什么苹果和马铃薯切开后会变黑 …… 31

警察怎样对驾驶人员进行酒精测试 …… 33

让人又爱又恨的食品防腐剂 …………… 35

穿戴与化学 ……………………………… 39

名不副实的 "樟脑丸" ………………… 39

目 录

漂白粉是如何漂白的 ……………… 41

变色眼镜的秘密…………………… 43

情比金坚 …………………………… 46

宝石的颜色 ………………………… 49

衣物是如何上色的 ………………… 52

衣服为何会褪色 …………………… 54

怎样洗掉衣服上的污渍 …………… 57

洗衣粉：功能越简单越好 ………… 61

四季换衣话桑麻 …………………… 63

干洗与湿洗 ………………………… 66

如何将铜牌变成金牌 ……………… 69

橡胶的黑与白 ……………………… 72

手表里的钻 ………………………… 75

染发剂到底会不会致癌 …………… 80

镜子背面是水银还是银 …………… 84

如何使银饰光亮如新 ……………… 87

我们居住的化学物质世界 ……… 89

怎样防止煤气中毒 ………………… 89

室内环境污染知多少 ……………… 92

地膜也环保 ………………………… 96

目 录

为什么不可以随意丢弃废电池 …………… 98

空中杀手——酸雨 ………………………… 101

白墙中的金属 ……………………………… 104

霓虹灯中的化学 …………………………… 107

令人讨厌的宝贝——烟炱 ………………… 111

为什么灭火器能灭火 ……………………… 114

玻璃上的花纹 ……………………………… 116

臭氧层空洞 ………………………………… 118

化学伴我们出行 ………………………… 123

公路沿线的化学物质 ……………………… 123

为什么轮船的吃水部位有许多锌块 …… 126

塑料飞机即将起航 ………………………… 129

汽车的利与弊 ……………………………… 132

骆驼在沙漠中生存的秘密 ………………… 136

自行车中的化学知识 ……………………… 139

宇航服中的化学知识 ……………………… 141

汽车是用"塑料"造的吗 ………………… 146

防弹玻璃是用什么做的 …………………… 149

神秘的战船起火 …………………………… 152

目 录

其他有趣的化学现象 ················ 155

"笑气"是怎样发现的 ············· 155

肥皂的历史 ···················· 159

会自动长毛的铝鸭子 ············· 162

绿色植物中的化学知识 ··········· 165

铅笔的绝招 ···················· 168

神奇的碳钟 ···················· 170

魔鬼谷的秘密 ·················· 173

诗歌中的化学 ·················· 176

神通广大的活性炭 ·············· 178

女儿国的秘密 ·················· 181

迷惑敌人的烟幕弹 ·············· 183

永乐公主永葆青春之谜 ·········· 185

蜘蛛的启示 ···················· 187

如何用化学方法显示指纹 ········ 190

征服"死亡元素" ··············· 194

引　言

　　化学是一项充满活力与灵性，并与现实生活息息相关的活动，是人们生活中无处不在的"活"科学。人类从诞生起就与化学息息相关，化学变化创造了生命，人类的生存与发展离不开化学的手段和方法。化学不是课堂中出现的定理和方程式，也不是只有工业等方面才用得上的东西，它是处处存在于我们生活当中的。就拿日常生活中的衣、食、住、行来说，人们穿的衣服，现在多是用化纤织品制成，单从"化纤"这名字就知道，这是典型的化学物品。而其他的丝绸、棉等布料也都是经过化学加工而成的。

　　人们吃饭的食品都是化学物质，主要由 C、H、O、N 等元素组成，有些也含有一些的微量元素，如 Zn、Fe 等等。而饭菜在肠胃中被消化——消化更是一个典型的化学反应的过程。饭菜与胃液反应，最终产生了大量的能量，由血液运输给全身，以供人一天活动所消耗。由此可见，人们的"食"跟化学是密不可分的。

　　人们住的房子，不论是钢筋水泥的框架、木头玻璃的门窗，还是各式各样的家具，使用的也都是化学制品。这"住"，也是离不开化学的。

　　人们出行乘坐的各种交通工具都要用金属材料制作，像自行车车架是铁制的，轮胎是橡胶制品。冶炼钢铁、加工橡胶等也都属于化学反应。

　　不难看出，我们的衣、食、住、行都是离不开化学的。也就是说，只要人活在世界上，就无时无刻不在化学的"包围"中。

　　不仅人是如此。植物光合作用的本质就是二氧化碳和水在有叶绿素与

光照条件存在的情况下化合产生能量与氧气。这本身也就是化学反应。

诸如此类的例子非常多。如果不知道有关的化学知识，麻烦肯定是少不了的。

化学不但在日常生活中起着很重要的作用，它还可以改善我们的生活。德国多家科研机构最近宣布合作研制成功以普通有机聚合物为中心的太阳能电池。研究人员发现，当聚合塑料离子受阳光照射的时候，其表面碳原子的电子震动明显加快，振幅加大，但反回碳原子轨道的速度却慢得多，这样在若干微妙的时间内就形成了"电子－空穴"。为了使其形成电流，研究人员制成了一个"夹层"，其一面是金属铝，另一面是锌－铟金属氧化物，中间填充塑料离子。这样的夹层本身在两层之间就存在电场，聚合塑料离子起到了绝缘层的作用。但是当阳光照射的时候，由于聚合有机物的碳原子产生"电子－空穴对"，带负电的电子向铝金属层流动，而带正电"空穴"锌－铟金属氧化物层流动，结果就形成了电流。虽然太阳能电池的普及离我们还有一段距离，但是它的使用将使太阳能的利用向前推进一步。

当然，在造福于人类的同时，工业生产也对环境进行了不少破坏。利用化学知识可以解释很多环境中出现的问题。比如我们熟悉的温室效应，还有像南北两极臭氧层中出现的大洞、酸雨的形成都可以用化学知识来进行解释。

由此看来，化学处处存在于我们的生活当中。只要你留心观察、用心思考，就会发现生活中到处隐含着化学的奥妙，我们需要用化学原理来认识生活中的某些现象，我们更需要学习用化学的方法来解决生活中的实际问题。

食品与化学

生柿子为什么有涩味

你知道吗

不管是生在北方还是南方的人都会有这样的生活经验：柿子树上已经红得像火一样的柿子却还不能吃。一尝，它还很涩口。这是柿子还没有完全成熟吗？是的，但是如果柿子完全熟了，那就不利于人们收摘、运输和贮存了。因此，人们往往是在柿子已经变成红色的时候就把它摘下来，放

柿子

上一段时间，它就成了又香又甜的柿子了。

那么，为什么柿子会涩口呢？

化学原理

原来，这是因为生柿子含有鞣质（又叫单宁），它是使柿子带涩味的原因。

为了把生柿子的涩味去掉，人们在不断的生活实践中想出了许多办法。有的用稻草或者松针叶子把柿子一层一层盖起来，或者把它和梨一起埋在叶子中，过上一段时间，柿子的涩味就没有了。有的就直接用热水把柿子一烫，柿子的涩味也会自然除去。

现在人们采用了"二氧化碳脱涩法"，实际上就是对以前人们生活经验的总结。人们把柿子密闭在一个室内，增加室内二氧化碳的浓度，降低氧气的浓度。这样一来，柿子就不能进行正常的呼吸，而是在缺乏氧气的条件下呼吸。生柿子在缺氧呼吸的条件下，内部会产生乙醛、丙酮等有机物。这些有机物能将溶解于水的鞣质变成难以溶解于水的物质，于是柿子吃起来再没有涩味了，而是又香又甜的了。

如果你也有几个生柿子想"脱涩"的话，可将它放在塑料袋内，把袋口扎紧。一般过几天后，也可以达到脱涩的目的。

延伸阅读

同学们知道吗？营养丰富的水果也"暗藏杀机"。有人错误地认为：水果营养成分高，多吃对人有好处。其实不然。比如，苹果含有糖分和钾盐，吃多了对心脏不利，冠心病、心肌梗死、肾炎、糖尿病患者不宜多吃；柑橘性凉，肠胃不适、肾肺功能虚寒的老人不能多吃；梨子含糖较

水果

多，糖尿病人吃多了会引起血糖升高；柿子含有单宁、柿胶酚，胃肠不好或便秘患者应少吃，否则容易形成柿石；菠萝含有丰富的维生素 A、维生素 B 和维生素 C，以及柠檬酸、蛋白酶等，有消食止泻、降压利尿等功效。但是，有些特异体质的人吃了后会发生阵阵腹痛，甚至呕吐等不适应症，最好的办法是把削好的菠萝放在盐水中浸泡后再加热吃。

为什么大米饭加上酒药后就成了甜酒

你知道吗

生活在南方的同学一定知道什么叫做"醪糟"，它还有一个名字叫"甜酒"。它虽然有酒的芳香，却不是酒。它是人们用糯米或籼米做成的。

甜酒的制法通常是：将适量糯米或者大米泡软蒸熟成较干而稍硬的米饭后，置于铝盆或竹筲箕中，用冷水冲透且不黏为止。然后将碾成粉状的酒曲（酵母），酒散拌匀于糯米饭中，盛于瓦缸或小碗中（因发酵时会膨胀，故不要装满），于中心处挖一小洞，密封，置于暖处（如暖气片上或覆盖棉被，29～32℃）24小时，即可成为甜酒酿。

Wuchubuzai De Kexue Congshu

从大米到香甜的酒酿，这其中发生了什么奇妙的化学反应呢？

甜酒

酒曲

 **化学原理**

　　我们知道，淀粉和葡萄糖等糖类物质都属于碳水化合物，它们在分子组成上有共同之处。淀粉的分子是由许许多多的葡萄糖小分子联结而成的。在酒药中含有促使淀粉水解的淀粉酶，它能使淀粉变成有甜味的麦芽糖，淀粉酶在人的唾液中也存在，当我们将米饭在嘴中嚼得久一些，也会觉得有甜味，这就是淀粉转化为麦芽糖了。

　　在做酒酿时，麦芽糖又在药酒中含的麦芽糖转化酶的帮助下，转化为葡萄糖，另有一部分发酵成酒精。这样，原来淡而无味的大米饭，就变成了甘甜芳香的甜酒了。

制作甜酒

延伸阅读

甜酒富含糖、有机酸、蛋白质、维生素、酵素等，是南方许多地方喜闻乐见的食品，且名产甚多，主要有：

（1）湖南长沙的甜酒冲蛋。此酒由洞庭湖滨产的糯米加上本地特制的甜酒药（主要为酵母菌和糖化菌）发酵，并用著名的长沙沙水配制而成。用其冲成"半熟蛋"，动、植物蛋白兼备，极易消化。

（2）浙江绍兴的黄酒。绍兴黄酒已有 2500 多年历史，兼饮料、药用和调味之效。由精白糯米、优质黄皮小麦配以鉴湖水制成的原汁酒，又称料酒。

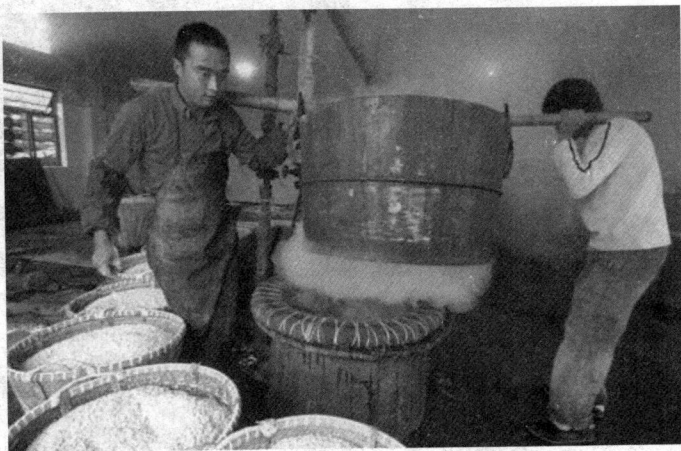

工人们在酿造绍兴黄酒

（3）福建龙岩的沉缸酒。以糯米为原料，糖化发酵的曲蘖为古田红曲，配制 30 多种中草药，埋坛 3 年，富含维生素、酵素等。

（4）蜜酒。世界许多国家均有蜜酒，西方多系将蜂蜜发酵后加香草酿制而成，进餐时饮用。我国的制法则更简单：将沙蜜 500 克、糯米 500 克、面曲 200 克、凉开水 5000 毫升在瓶内混匀，密封 7 天成酒。

为什么臭豆腐
"闻着臭，吃着香"

你知道吗

臭豆腐是许多人喜爱的一种食品。"闻着臭，吃着香"是臭豆腐的特有风味。越臭的臭豆腐，吃起来越香。没有吃过臭豆腐的同学一定想不通，臭豆腐臭不可闻，为什么还有那么多的食客？

化学原理

我们来看臭豆腐的制法：先用大豆加工成含水量较少的豆腐，

臭豆腐

然后接入毛霉菌种发酵。臭豆腐一般在夏天生产，因为此时发酵温度高，豆腐中的蛋白质分解比较彻底。蛋白质分解后的含硫氨基酸还进一步分解，产生了少量的硫化氢气体。硫化氢有刺鼻的臭味，臭豆腐之所以"臭名昭著"，主要就是硫化氢的味道。

由于发酵充分，豆腐中的蛋白质分解得比较多，比较彻底，臭豆腐中就含有了大量的氨基酸。许多氨基酸都具有鲜美的味道，例如味精的成分就是一种氨基酸，叫麸氨酸。因此臭豆腐吃起来就无比的鲜美可口，芳香异常了。

其实，臭豆腐还是一项中国的专利产品呢！许多著名的名吃都与臭豆腐有关，例如油炸臭豆腐就是特别有名的小吃。

延伸阅读

我们都知道豆制品富含营养，但是你知道吗？如果食用豆制品的方法不对，它也会对人体造成伤害。

大豆里面含有抗胰蛋白酶，它会妨碍人体中胰蛋白酶的活动，使我们吃的蛋白质不容易被消化和吸收。大豆的外面还有一层比较结实的皮膜，使大豆不容易被煮烂。采用高温蒸煮的办法可以破坏抗胰蛋白酶，也可以把大豆外面的皮膜去掉，所以大豆应该煮烂了吃，否则会引起消化不良，甚至多吃了会泻肚。

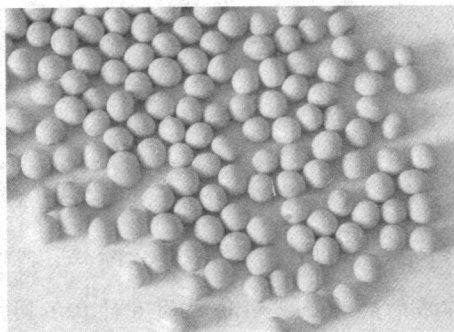

大豆

豆浆

豆腐

要充分发挥大豆的营养效果，最好的办法是把大豆加工成豆浆、豆腐和其他豆制品，这样做可以把大豆外面坚韧的皮膜破坏，使蛋白质容易被人体消化和吸收。尤其是豆浆具有很丰富的营养，其中所含的蛋白质并不亚于鲜牛奶，只不过牛奶比它含有更多的脂肪，糖分和钙质，营养更全面而已。

酵母与发酵粉的较量

你知道吗

我们在生活中常吃的主食，比如花卷、馒头等虽然都是用面粉做成的，但是必须添加酵母或者发酵粉发酵，揉成面团，蒸熟后才会松软、可口。那么你有没有想过，同样起发酵作用的酵母与发酵粉之间有什么不同吗？究竟哪个效果好呢？

化学原理

让我们通过化学反应来对比它们的不同。

酵母中含有一定量的麦芽糖酶及蔗糖酶，它不能直接使面粉中的大量淀粉发生变化。面粉本身含有少量淀粉酶，它能使淀粉水解成麦芽糖：

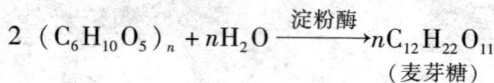

$$2\left(C_6H_{10}O_5\right)_n + nH_2O \xrightarrow{\text{淀粉酶}} nC_{12}H_{22}O_{11}$$
$$\text{（麦芽糖）}$$

接着，酵母中的酶发挥作用，促进面粉中原含有的微量蔗糖以及新产生的麦芽糖发生水解：

$$C_{12}H_{22}O_{11} + H_2O \xrightarrow{\text{蔗糖酶}} C_6H_{12}O_6 + C_6H_{12}O_6$$
（蔗糖）　　　　　　　　　　（葡萄糖）　　（果糖）

$$C_{12}H_{22}O_{11} + H_2O \xrightarrow{\text{麦芽糖酶}} 2C_6H_{12}O_6$$
（麦芽糖）　　　　　　　　　　（葡萄糖）

需要说明的是，蔗糖与麦芽糖，葡萄糖与果糖是分子组成相同，而分子结构不相同的化合物，在化学上把它们叫做"同分异构体"。

酵母利用葡萄糖与果糖氧化提供的能量，将两种糖转化成二氧化碳和水：

$$C_6H_{12}O_6 + 6O_2 \longrightarrow 6CO_2 + 6H_2O + \text{热量}$$

生成的二氧化碳气体在面筋的网络中出不去，在加热蒸烤时，二氧化碳气体受热膨胀，将糕点撑大了许多。

用酵母做成的食品松软可口，有特殊风味，易于消化。酵母本身含有丰富的蛋白质及维生素 B，可以增加成品的营养价值。因此面制品大都用酵母发酵。但是用酵母发酵对于含糖与油较多的面团往往达不到预期的效果，其原因是糖和油对酵母菌有抑制作用。另外，用酵母发酵耗费的时间长，如果没有掌握好比例，要么面团发不起来，要么面团发酸。因此，发酵粉就成了酵母的"替身"。

发酵粉一般是碳酸氢钠（$NaHCO_3$，又称小苏打）同磷酸二氢钠（NaH_2PO_4）的混合物，也有用碳酸氢铵（NH_4HCO_3）的。发酵粉调和在面团中，受热时就产生出二氧化碳气体，使面制品成为疏松、多孔的海绵状。发酵粉使用时不受发酵时间限制，随时可用，对多油多糖的面团照样起发泡疏松作用。缺点是它的碱性会破坏面团中的维生素，降低营养价值，还会产生混合不均匀而导致面制品中有的地方碱太多发黄而不能吃的情况。

由此可见，酵母是一种生物膨松剂，而发酵粉是一种化学膨松剂，它们各有千秋，但总的说来，人们通常都是用酵母来发酵面粉做馒头等面食的。

延伸阅读

除了酵母和发酵粉，我们知道在做西点时面点师傅还会常用一种发酵剂，那就是泡打粉，那这种发酵剂又有什么特别之处呢？

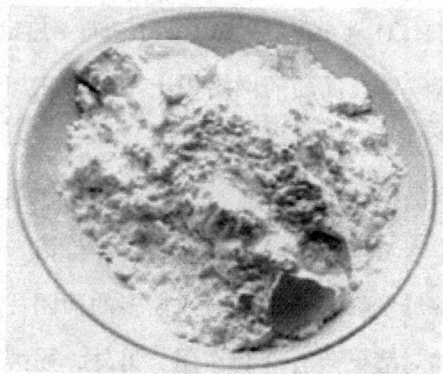

泡打粉

泡打粉又叫快速发酵粉，也是一种化学蓬松剂，蓬松原理和小苏打相同。它和小苏打都可以单独使用。泡打粉的主要成分是小苏打＋酸性盐＋中性填充物（淀粉），酸性盐分有强酸和弱酸两种：

强酸——快速发粉（遇水就发）；

弱酸——慢速发粉（要遇热才发）；

混合发粉——双效泡打粉，最适合蛋糕用。

泡打粉虽然有苏打粉的成分，但是是经过精密检测后加入酸性粉

（如塔塔粉）来平衡它的酸碱度，所以，基本上虽然苏打粉是带碱物质，但是市售的泡打粉却是中性粉，因此，苏打粉和泡打粉是不能任意替换的。至于作为泡打粉中填充剂的玉米粉，它主要是用来分隔泡打粉中的酸性粉末及碱性粉末，避免它们过早反应。泡打粉若过量的使用也会使成品组织粗糙，影响风味甚至外观，因此使用上要注意分量。

　　苏打粉与泡打粉虽然都是西点常用的化学膨大剂，但因膨胀力及酸碱度不同，最好不要相互任意替换。另外，仔细观察，泡打粉做的食品和苏打粉在气孔上也是不一样的。

鸭蛋如何变成美味的松花蛋

你知道吗

　　很多人不太喜欢吃鸭蛋，认为它无论是在味道上还是营养价值上都略逊鸡蛋一筹，不过如果是用它制成的松花蛋，则就另当别论了。那么从普通的鸭蛋到美味的松花蛋，这其中产生了怎样的化学变化呢？

松花蛋

化学原理

　　松花蛋是以鸭蛋、纯碱、生石灰、食盐、茶叶、黄丹粉（氧化铅）、草木灰、松枝为主要原料的一种蛋制品。过程是先把以上的原料按一定的比例溶于水制成料液，在发生一系列的化学反应后，生成氢氧化钠、氢氧

化钾、碳酸钙：

$$CaO + H_2O = Ca（OH）_2$$

$$Ca（OH）_2 + Na_2CO_3 = CaCO_3\downarrow + 2NaOH$$

$$Ca（OH）_2 + K_2CO_3 = CaCO_3\downarrow + 2KOH$$

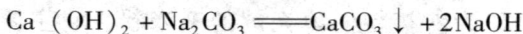

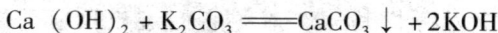

然后把鸭蛋放入 NaOH 与 KOH 中，促使鸭蛋的蛋白变性凝固而呈胶冻状，同时其他离子和茶中的鞣质促使蛋白质凝固和沉淀，使蛋黄凝固和收缩，大约腌制 45 天后取出，再用泥混合以上溶液把蛋包住，进一步腌渍和便于储存，这就是松花蛋了。

那么，NaOH 与 KOH 怎样与蛋白质作用呢？

蛋白的主要化学成分是蛋白质，蛋白质会分解成氨基酸。

我们知道氨基酸分子结构中有一个显碱性的氨基（–NH$_2$）和一个酸性的羧基（–COOH），它既能跟酸性物质作用，又能跟碱性物质作用。

强碱（NaOH、KOH）经蛋壳渗入到蛋清和蛋黄中，与蛋白质作用，致使蛋白质分解、凝固并放出少量的硫化氢（H$_2$S）气体。同时渗入的碱还会与蛋白质分解出的氨基酸进一步发生中和反应，生成氨基酸盐。这些氨基酸盐不溶于蛋白，于是就以一定几何形状结晶出来，那漂亮的松花，正是这些氨基酸盐的结晶体。

传统做法中原料里含有黄丹粉（氧化铅），是一种重金属，可使蛋白质变性，同样可使蛋产生美丽花纹，这样制作出的松花蛋口感好。但用了黄丹粉，松花蛋就会受到铅的污染。

我们发现松花蛋的蛋黄是青黑色的，这是由于蛋中含有硫，日子久了，会产生硫化氢气体（我们平时所说的臭鸡蛋气味的气体），蛋黄本身含有许多矿物质，如铁、铜、锌、锰等。

硫化氢气体与蛋清和蛋黄中的矿物质作用生成各种硫化物，于是蛋清和蛋黄的颜色发生了变化，蛋清呈特殊的茶褐色，蛋黄则呈墨绿色。

蛋黄中的铁、铜、锌、锰与硫化氢产生的硫化物大都极难溶于水，所以它们并不被人体吸收。

食盐可使松花蛋收缩离壳、增加口味。茶叶中的单宁和芳香油，能给凝固的蛋白质上色，并且能增加松花蛋的风味。

延伸阅读

鸡蛋的外面有一层蛋壳，可以起到保护里面的内容物的作用，与鱼类和肉类相比，鸡蛋比较不容易腐败变质，保存的时间要稍长一些。但是蛋壳也很容易被污染，它被沾染上细菌后，细菌通过蛋壳浸入蛋内，也会使鸡蛋变质。特别是在较高的温度下，蛋清的杀菌能力会减弱，容

鲜鸡蛋

易腐败。蛋在变质时，蛋黄的位置就不再固定而要发生移动；变质比较严重时，蛋黄发生散乱，变成散黄蛋；在完全变质时，蛋清和蛋黄混合在一起，就不能再吃了。因为它的壳不是透明的，所以常常是我们打开来看才知道是变质了。那有没有什么办法可以让我们隔着这层壳就能知道它的好坏呢？

鸡蛋的变质情况，可以用简单的灯照的办法来检查。新鲜蛋光照透视时的特征：蛋白完全透明，呈橘红色；气室极小，深度在5毫米内，略微发暗，不移动；蛋清浓厚澄清，无杂质；蛋黄居中，蛋黄膜包裹得紧，呈现朦胧暗影。蛋转动时，蛋黄亦随之转动；胚胎不易看出；无裂纹，气室固定，无血斑血丝、肉斑、异物。

蛋类腐败时，蛋白质还会分解产生硫化氢、氨等气体，发出很大的臭味，即通常所谓的臭鸡蛋味。在蛋壳上也可以看到霉菌生长的黑斑，可用肉眼观察来判断它是否变质。

鲜鸡蛋的蛋黄是完整的

鸡蛋、牛奶可以用来解毒吗

你知道吗

我们都知道鸡蛋、牛奶是营养丰富的食品。营养学家建议健康人应该每天都食用。但是你是否听说过它们还能用来解毒呢?

牛奶和鸡蛋

化学原理

鸡蛋、牛奶与豆浆的营养丰富,含有大量蛋白质。蛋白质有个特点,碰到重金属离子,例如汞、铝等金属离子会发生沉淀。重金属离子进入人体时会使构成人体的器官和血液的蛋白质发生沉淀而失去作用,造成中毒。这时,给病人服牛奶、生鸡蛋白与豆浆后,食物中丰富蛋白质会和重金属离子作用，于是就减轻了中毒的毒性。同时，牛奶可以挂在胃黏膜上，形成保护膜，使消化道受到的伤害减少。而且，这些食物还给中毒虚弱的病人提供营养，有助于病人康复。

延伸阅读

　　牛奶虽然鲜美，但是饮用时也要注意其新鲜与否。新鲜的牛奶是淡黄色的，并含有一种叫二乙酰的化合物，使牛奶带有芳香的气味。但是牛奶中的蛋白质可以因为乳酸（它是由细菌使乳糖发酵而产生的）和酶的作用而沉淀出来，使牛奶变坏。在夏天，牛奶长时间受热，也会使蛋白质沉淀出来。牛奶变质以后，可以看到有蛋白质沉淀出来，脂肪漂浮在表面上，高度分散的胶体状态被破坏，不再是鲜奶那样的乳浊状的液体了。

　　我们说喝牛奶一定要煮沸后食用，因为生的牛奶中含有较多的细菌，煮牛奶的时候，一般在开了以后，再煮沸 1 分钟左右就可以了，煮开的时间不宜太长，时间一长，牛奶的胶体状态就会被破坏，其中的蛋白质就会沉淀出来，破坏了营养成分。由于这一原因，煮牛奶应该用大火快煮，而不要用小火慢煮。

什么时候不宜饮茶

你知道吗

临睡前、服药后、饭前饭后、酒后不宜饮茶。你知道为什么吗？

化学原理

茶叶里含有一种叫鞣酸的物质，它可以与药物中的蛋白质、生物碱、重金属盐等物质起化学反应而产生沉淀，这不但影响药物的疗效，还会产生一些副作用。这些药物有胃蛋白酶、胰酶片、多酶片、硫酸亚铁、富马酸铁等。茶叶里还含有咖啡因、茶碱等成分，它们具有兴奋神经中枢的作用，故在服用安神、镇静、催眠等药物，如鲁米那、安定、眠尔通、利眠宁等中枢神经抑制药物时，因两者作用针锋相对，不宜喝茶，更不宜用茶水送服这些药物。

茶和茶具

延伸阅读

饮隔夜茶之利弊，隔夜茶因时间过久，维生素大多已丧失，且茶汤中的蛋白质、糖类等会成为细菌、霉菌繁殖的养料，故不宜饮用。但未变质的隔夜茶在医疗上却有妙用。隔夜茶中含有丰富的酸素，可阻止毛细血管出血。如患口腔炎、舌痛、湿疹、牙龈出血、疮口脓疡等，均可用隔夜茶治疗。眼睛常流泪或有血丝，也可每天几次用隔夜茶洗眼，有较好的疗效。清晨刷牙前后或饭后，含漱几口隔夜茶，可使口气清新，并有固齿作用。

怎样保存油脂

你知道吗

食用油脂应该妥为保存，否则容易变质。如果贮存条件不合适，而且贮存的时间比较长的话，食用油脂往往会发生化学变化，被空气中的氧气氧化以及受微生物的作用而变质。那么你知道如何保存油脂吗？

食用油

化学原理

食用油脂的变质称为"酸败"，已经"酸败"的油脂有一股不好闻的气味，"酸败"严重的甚至不适合食用。少量水分可以促进油脂中酶的活动，从而加快油脂的"酸败"。温度升高，阳光照射和空气的氧化作用都是"酸败"的起因，铜和铁制器皿也会加快油脂的"酸败"，所以在贮存油脂时，应该保持干燥，油中不能混入水，包装应该密封，并要装在深色的玻璃瓶或塑料瓶、塑料桶中，以避免阳光直晒和接触空气，同时也不能用铁和铜制的器皿装油。

延伸阅读

食用油脂大致可分为植物性油脂和动物性油脂两种。植物性油脂大多是从植物的籽仁（如花生、大豆、芝麻、菜籽、棉籽）中提炼出来的，而动物性油脂则可以从猪、牛、羊等取得。

油脂的营养价值不但决定于吃的多少，而且还要看吃了以后能吸收多少。一般来说，熔点越低（即越容易熔化的）的油脂，被人吸收的效率越高。植物性的油脂，如花生油、豆油、麻油（香油）和菜油都是熔点低的不饱和脂肪酸（油酸、亚麻油酸），在室温下都是液体。它们所含的脂肪酸都是必需脂肪酸，营养价值高。它们被吸收的效率都在97%以上。动物性的油脂都是熔点高的高级脂肪酸，它们在室温下都是固体，其中只有猪油被人吸收的效率比较高，其他如牛油、羊油的吸收效率都在90%以下。动物性油脂中所含的胆固醇都比较高，对于患有高血压和心脏病的人不宜多吃（这些人以吃玉米油最为合适）。从以上比较看，植物性油脂的营养价值比动物性油脂要高。

金黄色的香蕉

你知道吗

如今，北方的同学，也可以吃到南方又香又甜的香蕉了。你知道这是为什么吗？我们知道，香蕉是南方的特产，它生性娇气，碰不得，搞得不好就会成批腐烂，而且生摘下来的香蕉又不会自动地成熟，这可怎么办呢？

Wuchubuzai De Kexue Congshu

化学原理

香蕉树

　　首先香蕉有成熟后易腐烂的缺点，所以为了从路途遥远的南方将香蕉运到四面八方，人们不能等香蕉熟透了再采摘，而是在香蕉未熟透的情况下采收的。这时的香蕉皮是青绿色，体内的大量淀粉还未变成葡萄糖与果糖，所以"身板"很硬朗，碰碰撞撞也不在乎。这种香蕉便于长途运输。

　　运到目的地的香蕉，仍是青皮硬肉，味儿既涩嘴又不甜，当然不能到市场上去卖。香蕉已从树上摘下，它自己已经失去了使自己成熟的能力。于是，人们找到了一种办法。他们把气体乙烯（C_2H_4）通入

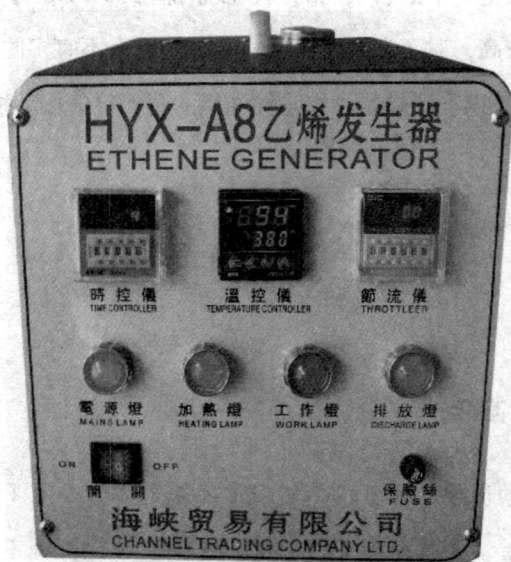

乙烯发生器

装香蕉的仓库内，它会使香蕉体内的氧化还原酶活性增强，水溶性的鞣质凝固起来。同时，果皮中的叶绿素销声匿迹，青绿色的香蕉就变得黄澄澄的了。果肉也变得柔软了，还散发出一种芳香气味。乙烯不仅能催熟香蕉和别的水果，它还能让橡胶多产橡胶乳、烟叶提早成熟呢。

延伸阅读

新鲜的水果中含有丰富的丙种维生素，还有比较多的磷和铁。多吃水果，对于增进身体健康是大有好处的。水果都有甜味，这是由于它含有较多的糖分，水果中的糖有果糖、蔗糖和葡萄糖，其中以果糖的甜味最强。水果中还含有各种有机酸，如柠檬酸、酒石酸和苹果酸。它们产生的酸味冲淡了水果里的甜味，使水果变成有一点酸甜，别具风味，有机酸还能帮助我们消化食物，所以它是水果中的有益成分。

未成热的水果又酸又涩，缺乏甜味，这是因为水果的细胞内贮存的养分是淀粉而不是糖。水果在成熟过程中，由于酶的作用，使淀粉发生水解反应变成糖，才使水果有了甜味。另外，水果中还含有醇（醇是一种有机化合物，我们常用的酒精又叫做乙醇）和脂肪酸，它们在水果成熟期间也能发生化学变化产生了酯，酯是具有香味的有机化合物，所以成熟的水果既有甜味，又有香味，真可谓又香又甜。如果买来的水果还不够香甜，可能就是不够成熟的原因，可以把它们放一段时间再吃（但不要等它烂了）。

盐只能用来煮食吗

你知道吗

盐是一种非常普遍的调味剂，在清淡的食物上加一点，的确可使食物更加美味。

一般来说，食盐氯化钠是从蒸发海水中得到的。不过，不单氯化钠可以称为盐。你知道什么是盐吗？它只可以用来煮食吗？

化学原理

食盐

其实，盐是由酸和碱产生化学反应的化合物的统称，氯化钠便是其中一种化合物；这种化学反应称为中和反应。酸中的氢被金属或其他阳离子取代便成了盐，例如氢氯酸与氢氧化钠产生化学反应后便会生成氯化钠和水。

用不同的酸和碱便可制造不同的盐，它们的作用也不尽相同。如果把氢氯酸加进氢氧化钾，便会生成氯化钾溶液；如果把硫酸加进氢氧化钡中，便会生成固体硫酸钡；以上两者皆有其医学用途。氯化钾可以用来调节肌肉和主要器官的运作；而硫酸钡则可用来显示胃肠：在进行 X 射线检查前，病人需先喝一杯硫酸钡，这是因为 X 射线不能穿透它，这样胃肠就能显影出来。

Wuchubuzai De Kexue Congshu

延伸阅读

食盐的化学名字叫氯化钠，分子式为 NaCl。提起食盐，人们都知道它可以调味，夏天常喝些盐开水还可以补充体内的盐分，防止中暑。此外，食盐在日常生活中还有以下用途：

（1）清早起来喝一杯淡盐开水，可以治大便不通；

（2）用盐水洗头可以减少头发脱落；

（3）茄子根加点盐煮水洗脚，可以治脚气病；

（4）皮肤被热水烫着了，用盐水洗一下可以减少痛苦；

（5）讲演、作报告、唱歌前喝点淡盐水，可以避免喉干嗓哑；

（6）洗衣服时加点盐，能有效地防止退色；

（7）把胡萝卜咂成糊状，拌上盐，可以擦掉衣服上的血迹；

（8）炸东西时，在油里放点盐，油不外溅。

为什么吃云吞面要加点醋

你知道吗

吃云吞面时，很多人都有加醋来调味的习惯，这是为什么呢？

化学原理

云吞面俗称"碱水面"，在制造过程中加入了碱水。顾名思义，碱水

是碱性的，因而带点苦涩的味道，而我们所加入的醋则含有醋酸，是酸性的。

把酸和碱混合便会产生中和作用，从而把碱水内的苦涩味去除，并且可以用作调味呢！

延伸阅读

云吞面

醋的化学名字叫乙酸，分子式为 CH_3COOH。醋不仅是一种调味品，而且还有很多用途：

醋

（1）在烹调蔬菜时，放点醋不但味道鲜美，而且有保护蔬菜中维生素 C 的作用（因维生素 C 在酸性环境中不易被破坏）。

（2）在煮排骨、鸡、鱼时，如果加一点醋，可以使骨中的钙质和磷质被大量溶解在汤中，从而大大提高了人体对钙、磷的吸收率。

（3）患有低酸性胃病（胃酸分泌过少，如萎缩性胃炎）的人，如果经常用少量的醋作调味品，既可增进食欲，又可使疾病得到治疗。

（4）在鱼类不新鲜的情况下，加醋烹饪不仅可以解除腥味，而且可以杀灭细菌。

（5）醋可以作为预防痢疾的良药。痢疾病菌一遇上醋就一命呜呼，所以在夏季痢疾流行的季节，多吃点醋，可以起到杀灭肠胃内痢疾病菌的作用。

（6）醋还可以预防流行性感冒：将室内门窗关严，将醋倒在锅里漫火煮沸至干，便可以起到消灭病菌的作用。

（7）擦皮鞋时，滴上一滴醋，能使皮鞋光亮持久。

（8）铜、铝器用旧了，用醋涂擦后清洗，就能恢复光泽。

（9）杀鸡鸭前20分钟，给鸡鸭灌一些醋，拔毛就容易了。

（10）衣服上沾染了水果汁，用醋一泡，一搓就掉。

（11）用醋浸泡暖水瓶中的水垢，可以达到除垢的目的。

（12）夏天毛巾易发生霉变而出异味，用少量的醋洗毛巾就可以消除异味。

味精有没有益

你知道吗

现在的年轻人生活繁忙，有些人连吃饭的时间都没有，很多时候匆匆忙忙吃一碗方便面就算完事。但长辈总会说："不要吃那么多味精啊，无益的！"那么味精到底有没有益呢？

方便面的调料包中含有不少味精

化学原理

其实味精的历史相当短，1908年一名日本科学家吃晚餐时，在里面加了点海藻，发觉美味无比。经过多年的努力，他终于发现当日使汤面变得美味的是一种氨基酸盐——谷氨酸钠。谷氨酸钠是动植物体内所必需的一种氨基酸，谷氨酸钠进入胃以后，与胃酸（盐酸）发生化学反应，生成氨基酸，氨基酸可以直接被人体吸收利用，它还有保护大脑机能的作用，很有营养价值。有人说味精"能致癌"，是毫无科学道理的。

味精

当然味精的摄入量也不易过多，每人每天摄入量每千克体重不应超过120毫克。

味精极易溶解于水，在汤、菜中放入少许就会尝到鲜味，在酸性菜汤中味道更加鲜美。但是，味精遇到碱或者加热太久，就容易变性而失去鲜味。

延伸阅读

你吃完味精后有什么特别的感觉？味精所以能够使食物变得味美，是因为它能够增强味蕾的敏感度，使人更容易感觉到食物的味道。可是，有些人对味精会有过敏的反应，吃了含有味精的食物后，会出现腹痛、口渴、头晕、出汗、恶心等症状。此外，有些儿童吃了这类食物后会变得过度活跃。

除了方便面以外，日常生活中很多食品都含有味精，譬如薯片、虾片

等；酒楼的点心在制作过程中也加入了味精。下次到酒楼吃饭时，可尝试利用下表（点心味精含量表），计算一下自己吃了多少味精。假如你对味精过敏的话，那就少吃为妙了。

点心味精含量表

点心名称	一份点心的味精含量/克
春卷	0.40
鸡杂	0.40
牛肉肠粉	0.39
排骨	0.24
鱼翅饺	0.23
粉果	0.22
烧卖	0.18
虾饺	0.13

不要把菠菜和豆腐放在一起做菜

你知道吗

菠菜的维生素含量在各种蔬菜中是名列前茅的。500 克菠菜约含胡萝卜素（制造维生素 A 的原料）133 克；含维生素 C 138克，比大家熟知的西红柿的含量高 1 倍多。因此常吃菠菜对健康很有好处，对贫血、高血压、软骨病和牙出血等病症也有很好的疗效。但不能把菠菜和豆腐放在一起做菜，你知道为什么吗？

菠菜的营养价值很高

化学原理

菠菜中含有很多草酸，不宜和豆腐放在一起做菜。因豆腐中的氯化镁（$MgCl_2$）或石膏（$CaSO_4$）与草酸相遇就发生了化学反应，生成了不溶于水的草酸镁或草酸钙，沉积在血管壁上，影响血液循环，这一点对儿童的正常发育影响特别大。菠菜中的草酸还影响儿童对钙的吸收。但菠菜的这个缺点是可以补救的，只要先用热水将菠菜淘一遍，再放入凉水中浸泡 20 分钟左右，这样一来绝大多数的草酸就浸出来了。

菠菜和豆腐最好不要同吃

延伸阅读

蔬菜是指含水分 90% 以上，可作维生素、无机质和纤维之源的植物。按外观可分叶（白菜、菠菜）、茎（芹、笋）、根（萝卜、薯）、果（茄、瓜）四类，其中也包括各种海菜以及蕈类等。

叶菜

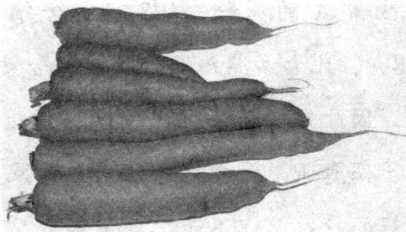

胡萝卜

蔬菜的价值还在于其特殊成分及其特殊作用。纤维素和果胶质使肠蠕动，促进消化；蔬菜中酶含量较多，有助于消化及各种生理功能；多种维生素，特别是维生素 C 是人体不可或缺的营养成分等。

为什么苹果和马铃薯切开后会变黑

你知道吗

相信大家都注意到了，在我们日常生活中，用刀切开苹果和马铃薯后，割裂的表面会逐渐变成黑褐色，这是为什么呢？

化学原理

马铃薯切开后放置一段时间会变色

原来，每种细胞都含有成千上万种酶。这些酶参与了细胞自身生存所必需的全部反应。而导致苹果和马铃薯褐化的实际机理涉及一种叫做多酚氧化酶（又名酪氨酸酶）的酶。

褐化反应是由一种在常见的植物组织中常见的多酚氧化酶（PPO）作用下，水果中的酚类化合物所氧化导致的。

只要我们切开水果，一些细胞就会被割破。然后酶会接触到空气中的氧气并发挥作用让水果变成褐色。这和失手掉落的苹果上出现的褐斑成因如出一辙。

防止褐化最简便的方法是将切好的苹果或者马铃薯放入水中，这样酶就不会接触到氧气了。除此之外，还可以对苹果进行加热从而让酶变性。

在人体中，酪氨酸酶也是非常重要的，因为它有助于黑色素的生成，而黑色素致使肤色变黑。人体中缺乏酪氨酸酶会导致

切开的苹果

白化病。所以在人体中，由酪氨酸酶辅助引起的肤色褐化实际上是件好事！

 延伸阅读

褐化反应在生活中为我们提供了许多有益的帮助，例如，在加工红烧肉时没有酱色，可以先在热锅中放少许白蔗糖，等会就转变成焦糖，这样就把肉块着色了。用同样一个面团，蒸出来鲜嫩洁白，而油炸的却是鑫黄色，香香的。可是有些果蔬被弄破伤后，就因发生酶促褐变迅速变色而影响食品的感官，我们则采取相应的措施来防护，比如让它们浸没在水中。可是有利的我们又加以利用，就像红茶的制作，制茶工人特意把茶叶揉破，让茶叶中的茶多酚在酶的作用下发生酶促褐变面生成其特有的风味物质。还有像油脂在高温下会发生自动氧化、氧化聚合而使黏度增大，颜色加深，产生异味，所以在烹调时应避免高温加热，特别是持续高温加热。而蛋白质、淀粉的水解反应有利于营养素

的消化和吸收，实际上，我们对食物进行烹调就是在促进其水解反应的。

下面是一些食品在贮藏和加工过程中所发生的变化：

反应类型	实　　例
非酶褐变	焙烤食品表皮变金黄色
酶促褐变	切开的水果迅速变褐
氧化反应	脂肪产生异味、维生素被破坏
水解反应	有利于蛋白质、淀粉、脂肪的消化和吸收

警察怎样对驾驶人员进行酒精测试

你知道吗

今天是小俊爷爷的生日，就连已婚的叔叔也回来为爷爷祝寿。席间，小俊的爸爸倒了一些酒与爷爷对饮，爸爸见叔叔滴酒不沾，便问道："弟，你为什么不和爸爸饮一杯呢？"叔叔回答道："我今晚要驾车，虽然喝一两杯啤酒是没有问题的，但还是少喝为妙啊！"

小俊天真地说："又没有警察在这里，他们怎么知道你喝酒了呢？"叔叔回答说："傻孩子，警察会在晚上找驾驶人士进行酒精测试啊，而且酒后驾驶也是十分危险的！"

你知道警察怎样对驾驶人员进行酒精测试吗？

化学原理

在酒精测试中，接受测试的司机需要把呼出的空气吹进一只管里。如果司机呼出的空气含酒精成分，管中橙红色的部分便会呈现绿色。

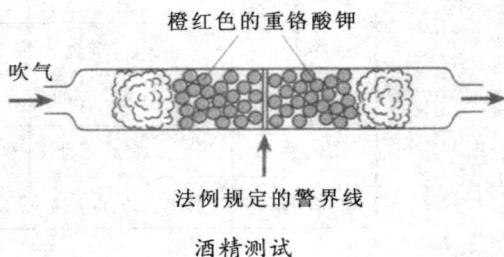

橙红色的重铬酸钾

吹气

法例规定的警界线

酒精测试

其实这些呼气测试，是利用重铬酸钾容易被还原的特性。当呼出的空气内含有酒精，那么，酒精内的乙醇便会被重铬酸钾氧化为乙醛和乙酸，而橙红色的重铬酸钾便会变成绿色的铬（Ⅲ）离子：

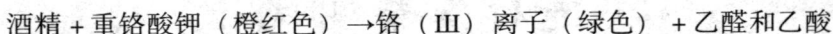

酒精＋重铬酸钾（橙红色）→铬（Ⅲ）离子（绿色）＋乙醛和乙酸

呼出的空气中的酒精含量愈高，便愈多重铬酸钾被还原为绿色的铬（Ⅲ）离子。当测试管里的重铬酸钾变成绿色，并且过了法律规定的警戒线时，警察便知道司机呼出的空气里酒精含量超出标准。

由于酒精可以令人警觉性减低，所以酒后驾驶十分危险。再者，饮酒太多也会影响健康，所以还是少饮为妙。

延伸阅读

各种酒类的主要成分是酒精，少喝对人体有益，可以促进血液循环，但是多饮了则是有害的。医用

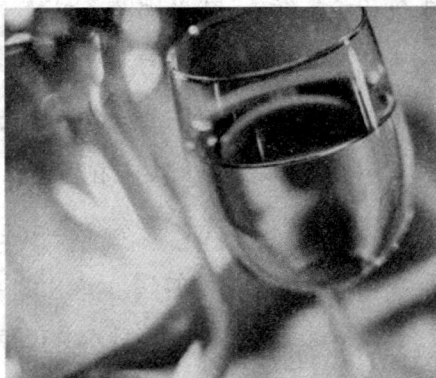

酒中的主要成分是酒精

的酒精和作为化学试剂的酒精中都含有甲醇，它对人是有害的，能损害人的眼睛，所以切不可用酒精代替食用的酒类来饮用。

饮烈性酒通过口腔、食道、胃、肠黏膜，便可吸收到体内各种组织和脏器中，并在 5 分钟内出现在血液中，30～60 分钟，血液中的浓度可达到最高点。吸收率与酒精度的关系是：酒精越高吸收得越快。空腹饮酒必饱腹饮酒的吸收率要强得多，这是因为胃内有食物时可以稀释冲淡酒精度。

过量饮酒是危害极大。李时珍曾说："少饮和血行气，醒神御风，消愁迁兴，痛饮则伤神耗血，损胃无精，生痰动火。"《饮膳要正》中云："酒味甘平，大热有毒，主行药势，杂百邪，通血脉，厚胃肠，消忧愁，少饮为佳，多饮伤神损寿，易人本性，其毒甚也，饮酒过量，丧生之源。"现代科学研究证明，酒精对人体的适当用量是每千克体重 0.5～1.0 克为宜，过量饮酒就会出现慢性急性酒中毒，给人体带来极大的危害。

让人又爱又恨的食品防腐剂

你知道吗

在人类还没有化学合成食品防腐剂之前，人们已经寻找到了大量使食品保质期延长的办法，如高盐腌制，高糖蜜制，酸、酒、烟熏以及在水中、地下存放等。

随着食品工业的发展，传统防腐方法已不能满足其防腐需要，人们对食品防腐方法提出了更高的要求：操作更简单、保质期更长、防腐成本更低。基于此，化学产品用于食品防腐的做法开始流行。那么什么是防腐剂？它对我们究竟是利大于弊，还是弊大于利？

化学原理

食品防腐剂是能防止由微生物引起的腐败变质、延长食品保藏期的食品添加剂。因兼有防止微生物繁殖引起食物中毒的作用，又称抗微生物剂。食盐、糖、醋、香辛料等虽也有防腐作用，但在正常情况下对人体无害，通常不归入食品添加剂而算作调味料。

防腐剂在食品中得到广泛使用，可以说，没有食品防腐剂就没有现代食品工业，食品防腐剂对现代食品工业的发展作出了很大贡献。

我们离不开防腐剂，这是因为：

（1）生鲜食品放久，细胞组织离析，为微生物滋长创造了条件；

（2）食物被空气、光和热氧化，产生异味和过氧化物，有致癌作用；

（3）肉类被微生物污染，使蛋白质分解，产生有害物腐胺、组胺、色胺等，是食物中毒的重要原因。

食物未进行保鲜处理保存在冰箱中，仍会腐败变质，只是速度放慢而已。

食品为防止微生物的侵袭，必须进行防腐处理，不过是除菌、灭菌、防菌、抑菌的手段不同而已。

食品防腐剂在我国被划定为第17类，有28个品种。防腐剂按来源分，有化学防腐剂和天然防腐剂两大类。化学防腐剂又分为有机防腐剂与无机防腐剂。前者主要包括苯甲酸、山梨酸等，后者主要包括亚硫酸盐和亚硝酸盐等。

天然防腐剂，通常是从动物、植物和微生物的代谢产物中提取。如乳酸链球菌素是从乳酸链球菌的代谢产物中提取得到的一种多肽物质，多肽可在机体内降解为各种氨基酸，世界各国对这种防腐剂的规定也不相同，我国对乳酸链球菌素有使用范围和最大许可用量的规定。

与各类食品添加剂一样，防腐剂必须严格按我国《食品添加剂使用卫生标准》规定添加，不能超标使用。防腐剂在实际应用中存在很多问题，例如达不到防腐效果，影响食品的风味和品质等。如茶多酚作为防腐剂使用时，浓度过高会使人感到苦涩味，还会由于氧化而使食品变色。

为了避免上述的这些问题，在使用防腐剂时应掌握以下几点：

（1）协同作用。几种防腐剂混合使用会达到更好的效果，但使用防腐剂必须符合卫生标准规定，用量应按比例折算且不应超过最大使用量。

（2）可适当增加食品的酸度（降低 pH 值）。在低 pH 值的食品中，细菌不易生长。

（3）与合理的加工、储藏方法并用。如热加工可减少微生物的数量，因此，加热后再添加。

延伸阅读

至今在社会上存在着一种对食物防腐保鲜的错误看法，认为纯天然食物就不应添加任何防腐抗氧剂。

其实市场上所有加工的食品，为了防止腐败变质，均经过了防腐处理，只是方法不同罢了。

例如罐头食品是经过高温杀菌、抽空密封保存的食品，当然不需要加任何防腐剂；又如用糖腌制的蜜饯和盐腌制盐干菜，由于高浓度的糖和盐，使微生物细胞脱水，而不可能在这类食物上繁殖；牛奶经乳酸菌发酵生成的酸奶，含有防腐作用的乳酸和乳酸菌素，所以不需添加防腐剂；以上食品均不需再添加任何防腐剂，也不必在包装上去注明"本产品不含防腐剂"。

有些消费者，每天喝着国际名牌可乐饮料，但可能不知道：全世界的可乐，均含有苯甲酸钠防腐剂！

穿戴与化学

名不副实的"樟脑丸"

你知道吗

衣服与书放在橱里，过一段时间，打开橱门一看，啊，好好的衣服与书本上面竟有一个个小洞洞！这是谁捣的鬼？

"樟脑丸"的主要成分并不是樟脑

这是专靠吃衣服与书本为主的蠹鱼干的，所以人们又常叫这种蛀虫为"衣鱼"。为了赶走这些坏家伙，人们总在橱或箱里放进一些"樟脑丸"。樟脑很容易挥发，有股浓烈的气味，蠹鱼闻了只得退避三舍，逃之夭夭。那我们用的樟脑丸真的是樟脑吗？

化学原理

樟脑价格较贵，并且在医药上（用以配强心药）、化学工业上（制赛璐珞塑料）有着更为重要的用途。所以日常买来的"樟脑丸"并不是用樟脑作的，而是用萘制的。

萘的分子组成是 $C_{10}H_8$，纯萘是无色片状结晶，与樟脑一样，可直接蒸发成气体。萘的气味同样能使蠹鱼受到刺激，因此是一种良好的驱虫防蛀剂。

萘是从煤焦油中提炼出来的，价格比樟脑便宜。不过使用时要注意，一般的卫生球不很纯，里面还含有一些煤焦油，会让衣服沾上煤焦油的污迹。因此用时应将一个个卫生球分别用纸包起来，再放到橱里或衣箱里去，等它全部挥发完毕，残留的煤焦油杂质就会被纸吸附住了，不会弄脏衣物了。

延伸阅读

不过，樟脑丸并不适合放在所有的衣服上，有三类衣服是不宜放卫生球的，对衣服无益，反而会损害衣服。

（1）合成纤维衣服不宜放卫生球。卫生球接触合成纤维衣服会造成萘油污迹或染上棕黄色斑痕，不容易洗掉。存放合成纤维衣服时，最好洗刷干净，晾干、晾透，不放卫生球。如果和棉、毛等衣物放在一起时，可以选用合成樟脑精或天然樟脑丸等防虫剂，这样就不会影响合成纤维的强力和拉力。

（2）浅色的丝绸服装及绣有"金"、"银"线图案的衣服不宜放卫生球。因为它们与卫生球的挥发气体接触后，容易使织物泛黄，"金"、"银"丝折断。

（3）用塑料袋装的衣服不宜放卫生球。因为卫生球中萘的耐热性很低，常温下，它的分子不断地运动而分离，由白色晶体状变为气态，散发出辛辣味。如果把它与装有衣服的塑料袋放在一起，就会起化学反应，使塑料制品膨胀变形或粘连，损伤衣服。

漂白粉是如何漂白的

你知道吗

人造纤维和天然纤维本质上差不多，很容易像棉、麻、丝、毛那样染上颜色，因此人造丝、人造棉有绚丽的颜色。

但是，合成纤维的染色情况却大不相同。只有锦纶的分子和蛋白质有点相似，染起色来和丝、毛差不多。涤纶、丙纶、氯纶等染色却很困难，因为它们和染料不沾边，不挂钩，媒染剂也黏

天然纤维

附不上。只好在喷丝前，将染料预先混进原料里，喷出带色的丝，织物才有颜色。反过来，要使色布变白，用漂白剂把染料分子破坏掉就行了。那

么你知道漂白粉是如何达到漂白的目的吗？

化学原理

有人曾表演过这样的实验：在玻璃钟罩下扣一束红玫瑰花，在里面送进一块燃着的硫黄。不多会儿，玫瑰花的颜色就褪了。这是硫燃烧后生成的二氧化硫和玫瑰花里的水分作用生成了亚硫酸，它具有还原性，破坏了玫瑰花的色素。白布、纸张和草帽都常用亚硫酸来漂白。但是，空气里的氧会慢慢地使还原了的色素又氧化回来，所以用久了的白布、白纸和草帽常常泛黄。还原能够破坏色素，实现漂白；氧化也能破坏色素，实现漂白。漂白粉的主要成分是次氯酸钙，溶解在水里释放出次氯酸。次氯酸有强烈的氧化本领。染料分子被它氧化，变成没有颜色的化合物，漂白便实现了。

延伸阅读

1774 年舍勒发现氯气时同时发现了氯水对纸张、蔬菜和花具有永久性的漂白作用。1785 年法国化学家贝托雷提出把漂白作用应用于生产，并注意到草木灰水的氯气溶液比氯水更浓，漂白能力更强，而且无逸出氯气的有害作用。1789 年英国化学家台耐特把氯气溶解在石灰乳中，制成了漂白粉。

现在漂白粉的制法还是把氯气通入消石灰，消石灰含水的质量分数要略少于 1%，因

漂白粉

为极为干燥的消石灰是不跟氯气起反应的。生产漂白粉的反应过程比较复杂，主要反应可以表示如下：

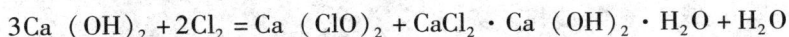

$$3Ca(OH)_2 + 2Cl_2 = Ca(ClO)_2 + CaCl_2 \cdot Ca(OH)_2 \cdot H_2O + H_2O$$

在较高级的漂白粉中，氯化可按下面的化学方程式进行，反应比较完全：

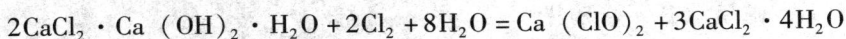

$$2CaCl_2 \cdot Ca(OH)_2 \cdot H_2O + 2Cl_2 + 8H_2O = Ca(ClO)_2 + 3CaCl_2 \cdot 4H_2O$$

漂白粉是混合物，它的有效成分是 $Ca(ClO)_2$。商品漂白粉往往含有 $Ca(OH)_2$、$CaCl_2$、$Ca(ClO_2)_2$ 和 Cl_2 等杂质。

次氯酸钙很不稳定（但比次氯酸稳定），遇水就发生下述反应：

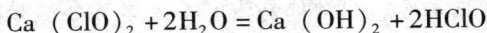

$$Ca(ClO)_2 + 2H_2O = Ca(OH)_2 + 2HClO$$

当溶液中碱性增大时，漂白作用进行缓慢。要在短时间内收到漂白的效果，必须除去 $Ca(OH)_2$，所以工业上使用漂白粉时要加入少量弱酸，如醋酸等，或加入少量的稀盐酸。家庭使用漂白粉不必加酸，因为空气里的二氧化碳溶在水里也起弱酸的作用：

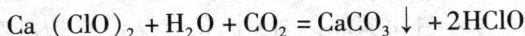

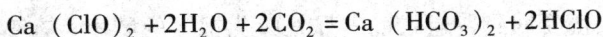

$$Ca(ClO)_2 + H_2O + CO_2 = CaCO_3 \downarrow + 2HClO$$

$$Ca(ClO)_2 + 2H_2O + 2CO_2 = Ca(HCO_3)_2 + 2HClO$$

变色眼镜的秘密

你知道吗

许多汽车司机在开车时常常戴着一副黑眼镜。在阳光下或者积雪天驾驶汽车的时候，这副黑眼镜能保护眼睛不受强光的长时间刺激。可是，当汽车突然由明处驶向暗处的时候，戴着黑眼镜反而变成了累赘。一会儿戴，一会儿摘，实在太不方便了。有什么好办法来解除司机的这个苦恼呢？有，戴上变色眼镜就行。在阳光下，它是一副黑墨镜，浓黑的玻璃镜片挡住耀眼的光芒。在光线柔和的房间里，它又变得和普通的眼镜一样，透明无色。那么你知道它是怎么变色的吗？

变色眼镜

化学原理

变色眼镜的奥秘在玻璃里。这种特殊的玻璃叫做"光致变色"玻璃。它在制造过程中，预先掺进了对光敏感的物质，如氯化银、溴化银（统称卤化银）等，还有少量氧化铜催化剂。眼镜片从没有颜色变成浅灰、茶褐色，再从黑眼镜变回到普通眼镜，都是卤化银变的魔术。在变色眼镜的玻璃里，有和感光胶片的曝光成像十分相似的变化过程。卤化银见光分解，变成许许多多黑色的银微粒，均匀地分布在玻璃里，玻璃镜片因此显得暗淡，阻挡光线通行，这就是黑眼镜。但是，和感光胶片上的情况不一样，卤化银分解后生成的银原子和卤素原子，依旧紧紧地挨在一起。当回到稍暗一点的地方，在氧化铜催化剂的促进下，银和卤素重新化合，生成卤化银，玻璃镜片又变得透明起来。

卤化银常驻在玻璃里，分解和化合的反应反复无穷地进行着。照相胶卷和印相纸只能用一次，变色眼镜却可以一直使用下去。变色眼镜不仅能

44

随着光线的强弱变暗变明，还能吸收对人眼有害的紫外线，的确是眼镜中的上品。如果把窗玻璃都换上光致变色玻璃，晴天时，太阳光射不到房间里来；阴天或者早晨、黄昏时，室外的光线不被遮挡，室内依然亮堂堂的。这就仿佛扇扇窗户挂上了自动遮阳窗帘。在一些高级旅馆、饭店里，已经安上了变色玻璃。汽车的驾驶室和游览车的窗口装上这种光致变色玻璃，在直射的阳光下，连变色眼镜都不用戴，车厢里一直保持柔和的光线，避免了日光耀眼和暴晒。

延伸阅读

虽然变色眼镜诞生的时间并不长，但眼镜的历史却十分悠久，据说是古罗马人发明的。

约公元 1 世纪前后，古罗马一个国王非常喜欢看体育表演，但每次观看时，由于视力不好而非常苦恼。有一个工匠得知此事后，用绿宝石做了一只像钟表匠修钟表时用的单眼镜献给国王，国王戴上后，感到很满意，再不用担心看不清精彩的体育表演。不过，这只是最原始的眼镜。有人认为，真正的眼镜的发明者是一个名叫萨尔沃德格里阿买提的佛罗伦萨人，他约死于 1317 年。在 14 世纪的上半叶，在意大利的许多地方就已经出现了眼镜制造厂，可见当时眼镜已被广泛使用。1317 年，威尼斯这个当时的眼镜制造中心，还对眼镜的制造和销售作出了具体规定。那时的眼镜是用水晶石或玻璃作镜片，镶嵌在金属、木质、角质和骨质框架中所构成，两块镜框是由一个固定的卡钳式镜桥将其卡在鼻梁上，这种眼镜戴在鼻梁上常常摇摇晃晃，很不稳定。

17 世纪，有人在眼镜框的边缘钻上小孔，用细绳从中穿过，然后将它

套在脑后或系在耳朵上，这才使眼镜牢固地固定在鼻梁上。而日本的古代眼镜上有一个向下的支架，从而更增加了它的稳固性。从此，眼镜的形制基本固定下来，成为人们日常生活中不可少的用品。

情比金坚

你知道吗

在结婚周年纪念日，小俊的爸爸送了一条金项链给妈妈，并温柔地说声："情比金坚。"妈妈高高兴兴地戴上金项链，问道："真是情比金坚吗？"

金项链

给妈妈这样一问，爸爸霎时间不知如何回答，因为他知道金其实并不"坚"，而且十分柔软。反而，一些价钱比金廉宜的 K 金，比金还要"坚硬"呢！那么，你知道 18K 金是什么意思吗？

化学原理

K 金是金混合其他金属而合成的合金。加入了其他金属后，金便改变了本来的结构，以致不容易扭曲。

46

金的纯度可以用百分比来表示，譬如九九九金表示金的纯度达到99.9%。此外，金的纯度也可用克拉来表示，纯金为24克拉，而一般K金金饰则是18K。换言之，这些比金还要"坚硬"的18K金里，只有75%是金，而其余25%则是银和铜。

虽然妈妈也知道真金不及K金坚硬，但并不介意。她认为爸爸的心意才是最重要，而不是纪念品的坚硬程度。但以后要"山盟海誓"时，就不要再说"情比金坚"了，倒不如说"情比K金坚"吧！

延伸阅读

金属的硬度

金属材料抵抗其他更硬物体压入表面的能力称为硬度，或者说是材料对局部塑性变形的抵抗能力。因此，硬度与强度有着一定的关系。根据硬度的测定方法，主要可以分为：

1. 布氏硬度（代号HB）

用一定直径 D 的淬硬钢球在规定负荷 P 的作用下压入试件表面，保持一段时间后卸去载荷，在试件表面将会留下表面积为 F 的压痕，以试件的单位表面积上

金属材料

能承受负荷的大小表示该试件的硬度：$HB = P/F$。在实际应用中，通常

直接测量压坑的直径，并根据负荷 P 和钢球直径 D 从布氏硬度数值表上查出布氏硬度值（显然，压坑直径越大，硬度越低，表示的布氏硬度值越小）。

布氏硬度与材料的抗拉强度之间存在一定关系：$\sigma b \approx KHB$，K 为系数，例如对于低碳钢有 $K \approx 0.36$，对于高碳钢有 $K \approx 0.34$，对于调质合金钢有 $K \approx 0.325$ 等等。

2. 洛氏硬度（HR）

用有一定顶角（例如 120 度）的金刚石圆锥体压头或一定直径 D 的淬硬钢球，在一定负荷 P 作用下压入试件表面，保持一段时间后卸去载荷，在试件表面将会留下某个深度的压痕。由洛氏硬度机自动测量压坑深度并以硬度值读数显示（显然，压坑越深，硬度越低，表示的洛氏硬度值越小）。根据压头与负荷的不同，洛氏硬度还分为 HRA、HRB、HRC 三种，其中以 HRC 为最常用。

洛氏硬度 HRC 与布氏硬度 HB 之间有如下换算关系：HRC $\approx$ 0.1HB。

除了最常用的洛氏硬度 HRC 与布氏硬度 HB 之外，还有维氏硬度（HV）、肖氏硬度（HS）、显微硬度以及里氏硬度（HL）。

这里特别要说明一下关于里氏硬度，这是目前最新颖的硬度表征方法，利用里氏硬度计进行测量，其检测原理是：

里氏硬度计的冲击装置将冲头从固定位置释放，冲头快速冲击在试件表面上，通过线圈的电磁感应测量冲头距离试件表面 1 毫米处的冲击速度与反弹速度（感应为冲击电压和反弹电压），里氏硬度值即以冲头反弹速度和冲击速度之比来表示：$HL = (Vr/Vi) \cdot 1000$（HL—里氏硬度值；Vr—冲头反弹速度；Vi—冲头冲击速度）。

宝石的颜色

你知道吗

某天，小丽跟妈妈出外逛街，途经一所珠宝店，于是进去欣赏一下那些发出耀眼光芒的宝石。

妈妈指着其中一件饰物，对小丽说："那只宝石戒指很漂亮啊！还是绿色的呢！"小丽看了看，便回答妈妈说："妈妈，上化学课时，老师曾拿了很多宝石给我们看呢！除了绿宝石外，还有翡翠、紫水晶、橄榄石、黄玉和绿松石啊！"在妈妈摸不着头脑之际，小丽继续说："宝石所以有颜色，是因为透明的晶体内含有有颜色的离子！"

化学原理

珠宝是珍珠与宝石的总称。珍珠是砂粒微生物进入贝蚌壳内受刺激分泌的珍珠质逐渐形成的具有光泽的美丽小圆体，化学成分是碳酸钙及少量有机物，除作饰物外，还有药用价值。而宝石一般来说是指凡硬度在 7 度以上，色泽美丽，受大气及药品作用不起化学变化，产量稀少，极为宝贵的矿物。性优者如金刚石、钢玉、绿柱玉、贵石榴石、电气石、贵蛋白石等；质稍劣者如水晶、玉髓、玛瑙、碧玉、孔雀石、琥珀、石榴石、蛋白石等。宝石所以有颜色，是因为透明的晶体内含有有颜色的离子。

宝石离子的颜色

宝石	离子	离子的颜色
绿宝石	铬（Ⅲ）离子	绿色
翡翠	铬（Ⅲ）离子	绿色
紫水晶	锰（Ⅲ）离子	紫色
橄榄石	铁（Ⅱ）离子	浅绿色
黄玉	铁（Ⅲ）离子	黄色
绿松石	铜（Ⅱ）离子	蓝绿色

绿宝石

翡翠

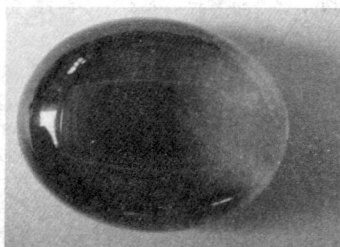

紫水晶

橄榄石

黄玉

绿松石

妈妈虽然知道宝石漂亮的颜色只是由普通的离子所造成，可是"千金难买心头好"，她仍然觉得那些宝石是"物有所值"的。

延伸阅读

现对一些常见宝石的化学成分介绍如下：

金刚石 亦名金刚，俗称金刚钻、钻石或水钻，成分为 C，是碳元素的一种同素异形体，常为无色透明，硬度为 10，是矿物中最硬的。人工制造的又叫人造金刚石。

刚玉 透明晶体，硬度为 9，仅次于金刚石，主要成分为 Al_2O_3，有无色、红色、蓝色、星彩的。无色透明的也叫白玉；含 Ti（= 4 * ROMAN IV）或 Fe（= 2 * ROMAN II）、Fe（= 3 * ROMAN III）呈蓝色的叫青玉，也叫蓝宝石；含 Cr（= 3 * ROMAN III）呈红色的叫红玉，也叫红宝石；面现星彩的又叫星彩宝石。

绿柱石 亦称绿玉、绿宝石，透明至半透明晶体，硬度为 7，多为翠绿、淡绿、亦有无色或蓝、黄、白、粉红色者，主要成分为 $3BeO \cdot Al_2O_3 \cdot 6SiO_2$。其中，含 CrO_3 呈翠绿者叫绿柱玉，又叫翠玉或祖母绿；含铁呈透明蓝色的叫海蓝宝石；含铯呈玫瑰色者叫玫魂绿柱石。

黄玉 亦名黄晶，外形类似水晶，常为黄色，透明，硬度为 8，主要化学成分为 $Al_2[SiO_4](F, OH)_2$。

石榴石 是一荧硅酸盐，成分不定，有以下式子：$3RO \cdot R_2 \cdot O_3 \cdot 3SO_2$。其中 R 代表钙、镁、铁或锰，又代表铝、铁、铬或钴，硬度为 6.5 ~ 7.5，透明至微透明，时或光性异常，呈双折射现象，色泽一般美丽。组成为 $Fe_3Al_2Si_3O_{12}$ 者名为贵石榴石，常为血红或粉红，外观略带黑色。

水晶 六方柱状纯石英晶体，无色透明，折射率大，其含有机构而显烟陶色者叫烟水晶（俗名茶晶），显黑者为黑烟水晶（俗名墨晶）。含氮的有机物呈褐色或黄色者叫褐石英或黄水晶。含锰而色紫者叫紫水晶。

碧玉 是由硅质物质沉积而成，化学成分为 SiO_2，并含 Fe_2O_3，因含有铁质，故常呈各种颜色。其浓绿者极似浓绿玉髓，质致密不透明。

琥珀 成分为碳氢化合物（$C_{10}H_{16}O$），非晶体，透明至半透明，有赤褐等色，硬度为 $2 \sim 2.5$，摩擦能生电。

孔雀石 成分为 $Cu_2(OH)_2CO_3$，由含铜矿物受碳酸及水的作用而形成，光泽似金刚石，色翠绿，间有呈孔雀尾之彩绞。

衣物是如何上色的

你知道吗

爱美之心人皆有之，尤其是女孩子，打开女孩子的衣柜，呈现在我们面前的都是款式各异、五颜六色的时装。那么当你穿上漂亮衣服时，有没有想过我们的衣服那朝霞、彩虹一般的颜色是从哪里来的呢？

化学原理

棉花、蚕丝、羊毛，本来是白色的或者浅黄色的，它们的织物全靠染料染上美丽的色彩。染料是各种各样有色的化学物质，绝大多数是有机化合物。

在没有发明合成染料以前，古代人是用天然的染料染色的。我国在 3000 年前已经学会从蓝靛草、茜草根和紫草里得到蓝色、绛红和赤紫的染料；古代腓尼基人从一种海螺里提取"骨螺紫"——名贵的紫色染料，因为来之不易，只供王公贵族享用，叫做"帝王紫"。还有一种仙人掌上长的胭

染料

脂虫，从好几万只这种小昆虫里才得到一两胭脂红染料。这些来自动物或植物的天然染料，实在难得。不过在合成染料出现后，它们很快就被淘汰了。

现在，只要花一块钱买一包染料，做一个实验，把染料溶解在热水里和几块白布一块儿煮，就可以染心仪的颜色。染料本身有颜色，它溶解在热水里后，被纤维紧紧抓住不放，纤维便染上了颜色。丝、毛的纤维是蛋白质高分子，它由几百个氨基酸"手拉手"地连接起来，氨基酸既有酸基，又有氨基。酸基显酸性，氨基显碱性，容易和碱性或者酸性染料分子结合成盐。因此，丝、毛织品染色不难。棉、麻纤维却是中性的聚葡萄糖高分子。要染上色，就需要"媒染剂"将染料和纤维"撮合"在一起。

延伸阅读

你染过红指甲吗？可以摘几朵红色的凤仙花，捏一点明矾，和凤仙花

瓣糅合在一起，敷在指甲上，用布裹上。第二天，指甲就染红了，洗都洗不掉。明矾使凤仙花的红色染料牢牢地挂在指甲的蛋白质高分子上。

明矾就是这样一个促进纤维和染料结合的"媒人"。染棉布时，先用明矾浸湿，然后在热蒸汽房里通过。明矾的化学成分是硫酸铝钾，它遇热迅速水解

明矾

成黏黏糊糊的氢氧化铝胶体，紧紧地粘在棉纤维的表面上。当棉布浸到染缸里的时候，染料很容易挂在氢氧化铝胶体上，布就染上颜色了。除了直接染料、媒染料外，还有一种活性染料。它是染料中发明较晚的一种，染出的颜色特别坚牢，不怕水洗，永不褪色。原来，它的分子上有活泼的反应基团，好像一把强劲有力的"化学钳"，遇上纤维的某些基团就狠狠咬住不放，和纤维紧密结合成一个整体，洗不掉，拆不散，是比较理想的染料。

衣服为何会褪色

你知道吗

我们在日常生活中经常遇到这样的情况，衣服刚买回来时的颜色是自己最喜欢的，可是随着时间推移，慢慢地就掉颜色了，看起来非常难看，那么你知道衣物为什么会褪色吗？

深色衣物更容易褪色

化学原理

衣物在洗涤过程中，一种染料溶解在洗涤液中可能会有很大的褪色反映。如果两件或更多的染料溶解，染色衣物经多次水洗和长期日晒后，衣物上的染料会发生光分解、老化以及部分脱落，从而使衣物出现褪色现象。这种现象是逐步发生的，其过程也是比较复杂的。

当阳光照射在染色衣物上时，光能激发了染料分子活动。活动的染料分子能与化学活性物质反应，首先会与空气中的氧反应，若有水分存在则会促进化学反应的激烈程度。由于染料染色的棉纤维织物经日晒后褪色，是氧化作用的结果；而用同种染料染色的蛋白纤维织物经日晒后褪色，却是还原作用的结果。多数服装颜色的褪色都是由于太阳光的暴晒所造成的。褪色可能发生在易被太阳晒的部位，如肩部、领口和袖子。许多的蓝、绿、淡紫色的染料对光很敏感。尤其是用这些染料染的丝绸和毛料。

此外，染色衣物的褪色还与染料分子的结构有关。有的染料分子稳定性较差，反应能力较强的氢原子能促进其氧化过程。如染料分子结构中若含有氨基（－NH₂）或羟基（－OH）等助色基团较多时，容易发生氧化而降低耐晒牢度。而染料分子中若含有能形成氢键的基团或者有羧基（－COOH）、磺基（－SO₃H）、硝基（－NO₂）等基因团时，将会提高染料的耐晒能力。

家用材料也会影响衣物颜色。注意不要把织物和含有碱性的化妆品相接触，比如牙膏、洗发液、香水、除臭剂都含有酒精。柠檬汁的酸度也能影响染色。漂白也会导致褪色、织物损伤。

总之，染色衣物褪色的程度，取决于染料对织物纤维的亲和力，以及染料的光谱特性、染料的浓度、染料的干湿度、染料的化学结构等多方面因素。

延伸阅读

巧防衣服褪色

（1）用直接染料染制的条格布或标准布，一般颜色的附着力比较差，洗涤时最好在水里加少许食盐，先把衣服在溶液里浸泡10～15分钟后再洗，可以防止或减少褪色。

（2）用硫化燃料染制的蓝布，一般颜色的附着力比较强，但耐磨性比较差。因此，最好先在洗涤剂里浸泡15分钟，用手轻轻搓洗，再用清水漂洗。不要用搓板搓，免得布丝发白。

（3）用氧化燃料染制的青布，一般染色比较牢固，有光泽，但遇到煤气等还原气体容易泛绿。所以，不要把洗好的青布衣服放在灶具附近。

（4）用士林燃料染制的各种色布，染色的坚牢度虽然比较好，但颜色一般附着在棉纱表面。所以，穿用这类色布要防止摩擦，避免棉纱的白色露出来，造成严重的褪色、泛白现象。

怎样洗掉衣服上的污渍

你知道吗

恐怕我们每个人都有过这样的经历，刚刚穿上一件干净衣服，结果一不小心，沾上了墨迹、血渍、果汁、机器油、圆珠笔油……如果不管是什么污迹，统统放进洗衣盆里去洗，有时非但洗不干净，反而会使污迹扩大。那我们究竟该怎么处理呢？

血渍

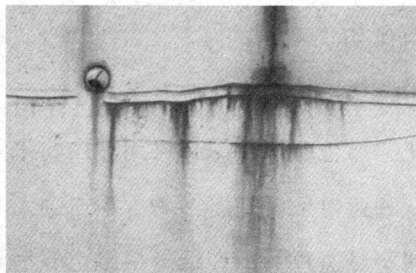
污渍

化学原理

洗去污迹要对症下药，污迹的化学成分不同，脾气也就千差万别。汗水湿透的背心，不能用热水洗。弄上了碘酒的衣服，却要先在热水里浸泡后再洗。沾上机器油的纺织品，在用汽油擦拭的同时，还要用熨斗熨烫，

趁热把油污赶出去。

原来，汗水里含有少量蛋白质。鸡蛋清就是一种蛋白质。鸡蛋清在热水里很容易凝固。汗水里的蛋白质也和鸡蛋清一样，在沸水里很快凝固，和纤维纠缠在一起。本来可以用凉水漂洗干净的汗衫，如果用热水洗，反而会泛起黄色，洗不干净。洗被汗湿的衣服先在冷水里浸泡，好处就在这里。

碘酒、机油和蛋白质不同，没有遇热凝固的问题，倒是热可以帮助它们脱离纤维。如果是纯蓝墨水、红墨水以及水彩颜料染污了衣服，立刻先用洗涤剂洗，然后多用清水漂洗几次，往往可以洗干净。这是因为它们都是用在水里溶解的染料做成的。如果还留下一点残迹的话，那是染料和纤维结合在一起了，得用漂白粉才能除去。漂白粉的主要成分是次氯酸钙，它在水里分解出次氯酸，这是一种很强的氧化剂。它能氧化染料分子，使染料变成没有颜色的化合物，这就是漂白作用。

蓝黑墨水、血迹、果汁、铁锈等的污迹却不同。它们在空气中逐渐氧化，颜色越来越深，再用漂白粉来氧化就不行了。比如蓝黑墨水是鞣酸亚铁和蓝色染料的水溶液，鞣酸亚铁是没有颜色的，因此刚用蓝黑墨水写的字是蓝色的，在纸上接触空气后逐渐氧化，变成了在水里不溶解的鞣酸铁。鞣酸铁是黑色的，所以字迹就逐渐地由蓝变黑，遇水不化，永不褪色。要去掉这墨水迹，就得将它转变成无色的化合物。将草酸的无色结晶溶解在温水里，用来搓洗墨水迹，黑色的鞣酸铁就和草酸结合成没有颜色的物质，溶解进水里。要注意草酸对衣服有腐蚀性，应尽快漂洗干净。血液里有蛋白质和血色素。和洗汗衫一样，洗血迹要先用凉水浸泡，再用加酶洗衣粉洗涤。不过，陈旧的血迹变成黑褐色，那是由于血色素里的铁质

58

在空气里被氧化，生成了铁锈。果汁里也含有铁质，沾染在衣服上和空气里的氧气一一接触，也会生成褐色的铁锈斑。因此血迹、果汁和铁锈造成的污迹都可以用草酸洗去，草酸将铁锈变成没有颜色的物质，溶解到水里去。

墨汁是极细的碳粒分散在水里，再加上动物胶制成的。衣服上沾了墨迹，碳的微粒附着在纤维的缝隙里，它不溶在水里，也不溶在汽油等有机溶剂里，又很稳定，一般的氧化剂和还原剂都对它无可奈何，不起任何化学变化。我们祖先的书画墨迹保存千百年，漆黑鲜艳，永不褪色，就是这个道理。除去墨迹，只有采用机械的办法，用米饭粒揉搓，把墨迹从纤维上粘下来。如果墨迹太浓，玷污的时间太长，碳粒钻到纤维深处，那就很难除净了。如果污迹是油性的，不沾水，比如圆珠笔油、油漆、沥青，我们就要"以油攻油"。用软布或者棉纱蘸汽油擦拭，让油性的颜色物质溶解在汽油里，再转移到擦布上去。有时汽油溶解不了，换用溶解油脂能力更强的苯、氯仿或四氯化碳等化学药品就行。

延伸阅读

下面向大家介绍几种常见的污渍的简易的除去方法：

1. 汗渍

方法一：将有汗渍的衣服在 10% 的食盐水中浸泡一会儿，然后再用肥皂洗涤。

方法二：在适量的水中加入少量的碳铵 $[(NH_4)_2CO_3]$ 和少量的食用碱（Na_2CO_3 或 $NaHCO_3$），搅拌溶解后，将有汗渍的衣服放在里面浸泡一会儿，然后反复揉搓。

2. 油渍

在油渍上滴上汽油或者酒精，待汽油（或酒精）挥发完后油渍也会随之消失。

3. 蓝墨水污渍

方法一：在适量的水中加入少量的碳胺〔$(NH_4)_2CO_3$〕和少量的食用碱（Na_2CO_3 或 $NaHCO_3$），搅拌溶解后，将有蓝墨水污渍的衣服放在里面浸泡一会儿，然后反复揉搓。

方法二：将有蓝墨水污渍部位放在 2% 的草酸溶液中浸泡几分钟，然后用洗涤剂洗除。

4. 血渍

因血液里含有蛋白质，蛋白质遇热则不易溶解，因此洗血渍不能用热水。

方法一：将有血渍的部位用双氧水或者漂白粉水浸泡一会儿，然后搓洗。

方法二：将萝卜切碎，撒上食盐搅拌均匀，10 分钟之后挤出萝卜汁，将有血渍的部位用萝卜汁浸泡一会儿，然后搓洗。

5. 果汁渍

新染上的果汁渍用食盐水浸泡后，再用肥皂搓洗。如果染上的时间较长了，则可以将衣服在 10% 的食盐水中浸泡一会儿，然后再用肥皂洗涤。

6. 铁锈渍

在热水中加入少许草酸，搅拌，使草酸全部溶解，将有铁锈渍的部位放在草酸溶液中浸泡 10 分钟，然后再用肥皂搓洗。

7. 茶渍

将有茶渍的部位放在饱和食盐水中浸泡，然后用肥皂搓洗。

洗衣粉：功能越简单越好

你知道吗

多数人洗衣服都想既省事又干净，最好在其中泡泡漂漂就能"亮"起来，因此，市场上的洗衣粉功能也越来越全，加酶漂白、助柔顺、有香味，但洗衣粉中添加的物质多了，对健康可不是什么好事。你知道这是为什么吗？

化学原理

这是因为洗衣粉碱性很强，添加的成分如表面活性剂、助洗剂、稳定剂、增白剂、香精和酶等，这些化学原料能起易溶、洁净、柔化、起泡等作用，像"双刃剑"一样，也会产生不利影响，如洗衣粉常添加的表面活性剂，会破坏皮肤角质层，造成皮肤粗糙；强力洗衣粉所含的碱性物质除吸收水分外，还能破坏人体的细胞膜；加香洗衣粉中的合成香精太多，气味冲鼻，常会引起一些过敏体质人过敏；增白洗衣粉中所含的有机氯、荧光剂是有毒物质，容易在人体内蓄积，对健康造成损害。

洗衣粉

可见，洗涤功效越强越多，表明添加的化学剂越多，即使是宣称柔顺防护的配方，也同样含有刺激的化学制剂。因此，购买洗衣粉要尽量选功能简单、添加成分少、气味淡的。

需要注意的是，皮肤长期直接接触碱性的洗衣粉后，表面的弱酸环境就会遭到破坏，抑制细菌生长的作用也会消失，容易导致皮肤瘙痒，甚至引起过敏性皮炎或在皮肤上留下色素沉着。因此，手洗衣物时，最好选择肥皂。

延伸阅读

洗涤剂的发展——有磷与无磷

人类最初是用皂角之类的东西洗衣服，肥皂的发明算得上是一大进步。作为一种表面活性剂，肥皂大大提高了去污能力。但是，水中的钙镁等离子会与表面活性剂结合，不但让被结合的表面活性剂失去了作用，而且结合物本身会成为新的沉积物。洗衣粉的成分除了表面活性剂，还加入了一些别的辅助成分，以增加洗涤效果。其中最重要的是磷酸盐，磷酸阴离子与钙镁离子的结合能力大大高于表面活性剂，它们的"舍生取义"保护了表面活性剂。因为磷酸盐比表面活性要便宜，所以在洗衣粉中加入磷酸盐降低了洗涤成本，受到了洗衣粉厂家的欢迎。一般的含磷洗衣粉中，磷的含量在10%上下。

磷酸盐本身对于人类并无危害，之所以成为环境杀手其实是正因为它是植物生长的营养成分。在湖泊等水域中，总是存在着藻类。藻类的生长需要碳、氮、磷这些主要营养成分。一般情况下，碳和氮都不会缺乏，于是磷就成了藻类生长的限制因素。生活污水中含有的磷沉积到湖中，对于藻类来说简直是雪中送炭。1千克的磷，能长出700千克的藻类。很多洗涤剂中还包括一些漂白剂，通常成分含有氯元素，进入环境中也成为一种污染源。一般的表面活性剂，在高温下的活性高，所以通常的洗涤剂在热水中的效力比较高，这也是洗衣服洗碗用热水容易洗干净的原因。

不难看出，洗涤剂导致环境危害的原因，都是保持洗涤效果的代价。所以，要降低洗涤剂对于环境的危害，就要在保持洗涤效率的前提下避免上述有害成分。无磷洗衣粉的出现是一种进步，它们通常使用不含磷的无机成分来代替磷酸盐与钙镁离子结合。对于减少磷的环境危害，自然是成功的。但是这些替代成分进入自然界又带来其他的污染，所以说，简单的替代磷酸盐只是减轻了"民愤"大的污染，并不见得就完全消除了洗涤剂的污染。仅仅是"无磷"就宣称"绿色环保"，也是不负责任的。

四季换衣话桑麻

你知道吗

唐代诗人孟浩然的《过故人庄》十分脍炙人口：

故人具鸡黍，邀我至田家。

绿树村边合，青山郭外斜。

开轩面场圃，把酒话桑麻。

待到重阳日，还来就菊花。

这首诗像一幅田园风景画，让我们领略到农村生活的宁静和悠闲，其中的"把酒话桑麻"更是与我们的穿戴息息相关。

化学原理

我们知道，人类最早的服装都是就地取材，比如树叶、兽皮，后来有了工具，就摸索出了纺纱织布，这才出现了麻布。后来又知道种桑养蚕，用蚕丝去织造绸缎。我们今天常穿的棉布，出现的年代反而比麻布和绸缎晚得多。难怪古人的诗文中，常常说到桑麻，而很少提到棉花。

桑麻田

棉、麻、丝、毛，这些天然的纤维物质都是来自动植物的有机化合物，它们的主要成分都是纤维素，碳是它们的骨干材料。碳原子和其他元素的原子结合成一个个小单元，这些小单元又联结成串，好像铁环一个套一个连接成长长的链条。链节的数目往往多达好几百，而分子量高达好几万，因此，被称为高分子化合物。我们生活中接触到的高分子化合物很多。比如前面讲到的淀粉、蛋白质，后面要说到的日用品里的橡胶、塑料，也都是高分子化合物。纤维的导电、传热能力很差，加上纤维分子卷曲缠绕、左钩右连，形成许多缝隙洞穴，包藏不少流动困难的空气，使热量不容易穿过纤维层，这就是衣服能帮助我们保暖防晒的原因。

外貌相似的纤维，用化学眼光看，它们的构造却有很大的差别，棉、麻燃烧起来像柴草，没有什么臭味；毛放在火焰里，迅速地卷曲起来，"吱吱"作响，发出一般刺鼻的臭气。这就把它们区别开来：棉、麻是植物纤维，和木材里的木质纤维素相似，它们的基本链节是碳、氢、氧三种元素组成的葡萄糖，燃烧后生成二氧化碳和水汽，所以没有气味。丝、毛是动物纤维，和指甲、肌肉的蛋白质差不多，是由氨基酸组成的，除了碳、氢、氧，还含有硫和氮，那刺鼻的臭气就是硫燃烧以后生成的二氧化硫造成的。

延伸阅读

我们知道，棉麻织品容易被酸腐蚀，通常保养它们时很重要的一点就是不要让它们接触到酸性物质。这是为什么呢？这是因为酸能破坏植物纤维。木质纤维素和盐酸接触后，一个个葡萄糖链节被酸"切"断，变成葡萄糖。锯末、刨花经过盐酸处理，可以生产出葡萄糖。有些葡萄糖就是用这种化学方法生产的。

棉、麻不太怕碱。弱碱和植物纤维作用，会生成一层丝光物质，大大增强纤维的着色能力，并且能使织物光滑、柔软又耐折皱。丝光毛巾、丝光床单的生产过程中有碱处理这一步。但是，强碱不行。苛性钠能损坏棉、麻织品。丝、毛对酸的耐受力比较强。在化工厂里，为接触腐蚀性酸溶液或蒸汽的工人做工作服，往往选用毛呢料子，这不是摆阔气，而是工作的需要。毛料挺括，弹性好，不容易起皱。这是由于组成毛纤维这条长链条的有些氨基酸链节有两个硫原子搭起的"桥"，这些桥好像小弹簧一样。你按捺它一下，它很快弹回来，恢复原状。熨烫衣服时，纤维受热变形，毛纤维高分子上的"小弹簧"拉伸开来，只好听任人们的摆布：哪儿打折，哪儿起桐，服服帖帖了。

理发吹风做发型，和熨烫衣服是一个道理。而化学烫发，保持发型比较持久，那是首先用化学药剂"切"断毛纤维上的"小弹簧"，卷曲成一定形状后又换用一种化学药剂，使这些小弹簧就近重新联结起来。

干洗与湿洗

你知道吗

我们平时穿着的衣物，大部分都是用水清洗的，因为一般污迹都可被洗衣粉等清洁剂清洗干净，就好像洗洁精把污渍从碗碟清除一样。但有些衣物的衣料是由天然纤维如羊毛、真丝等制造的，湿水后便会缩水、变形或褪色；遇到这类衣料被墨汁、指甲油等难洗的污渍污染，便需要干洗了。可是，你知道干洗是怎样把污渍清除的吗？是否所有衣物都可以拿去干洗呢？

化学原理

顾名思义，干洗就是不用水洗。一般干洗店会使用一些有机溶剂作为干洗液，把油性的污渍洗掉。由于油性的东西是非极性的，它们只会溶于非极性的有机溶剂中，而不溶于极性的水中。可是，干洗剂也有很多种

类。要知道衣物是否适合干洗和使用哪一种干洗剂，便要留意衣物上的标签了。

澳洲及欧洲标准	意思
1	可用任何干洗剂以正常干洗程序处理
2	可用全氯乙烯、溶剂 11、113 及石油溶剂，通过正常干洗程序处理
3	上列四类干洗溶剂同样适用，但干洗程序应选用较温和的状态，例如调校温度、浓度及洗涤速度至温和程度
4	可用 113 及石油溶剂，通过正常干洗程序处理
5	上列两类干洗溶剂同样适用，但干洗程序应选用较温和的状态，例如调校温度、浓度及洗涤速度至温和程度
6	不宜干洗

然而，所有干洗溶剂都是对人体有害的有机溶剂，或具有一定毒性，或是致癌物质。所以，拿去干洗的衣物要相隔数天才可领回，使残留的干洗溶剂先挥发掉。

延伸阅读

干洗设备

溶剂按化学组成分为有机溶剂和无机溶剂，是一大类在生活和生产中广泛应用的有机化合物，分子量不大，常温下呈液态。有机溶剂包括多类物质，如链烷烃、烯烃、醇、醛、胺、酯、醚、酮、芳香烃、氢化烃、萜烯烃、卤代烃、杂环化合物、含氮化合物

有机溶剂

及含硫化合物等等，多数对人体有一定毒性。

它存在于涂料、黏合剂、漆和清洁剂中。经常使用有机溶剂，有苯乙烯、全氯乙烯、三氯乙烯、乙烯乙二醇醚和三乙醇胺。

有机溶剂是能溶解一些不溶于水的物质（如油脂、蜡、树脂、橡胶、染料等）的一类有机化合物，其特点是在常温常压下呈液态，具有较大的挥发性，在溶解过程中，溶质与溶剂的性质均无改变。

有机溶剂的种类较多，按其化学结构可分为 10 大类：①芳香烃类：苯、甲苯、二甲苯等；②脂肪烃类：戊烷、己烷、辛烷等；③脂环烃类：环己烷、环己酮、甲苯环己酮等；④卤化烃类：氯苯、二氯苯、二氯甲烷等；⑤醇类：甲醇、乙醇、异丙醇等；⑥醚类：乙醚、环氧丙烷等；⑦酯类：醋酸甲酯、醋酸乙酯、醋酸丙酯等；⑧酮类：丙酮、甲基丁酮、甲基异丁酮等；⑨二醇衍生物：乙二醇单甲醚、乙二醇单乙醚、乙二醇单丁醚等；⑩其他：乙腈、吡啶、苯酚等。

有机溶剂具有脂溶性，因此除经呼吸道和消化道进入机体内外，尚可经完整的皮肤迅速吸收，有机溶剂吸收入人体后，将作用于富含脂类物质的神经、血液系统以及肝肾等实质脏器，同时对皮肤和黏膜也有一定的刺激性。不同有机溶剂其作用的主要靶器官和作用的强弱也不同，这决定于每一种有机溶剂的化学结构、溶解度、接触浓度和时间，以及机体的敏感性。

如何将铜牌变成金牌

你知道吗

运动会上，小俊夺得了 100 米赛跑的铜牌，十分高兴。回家后，便急不可待把辛苦训练的成果展示给姐姐看。姐姐看了一看便问小俊："你想把这面铜牌变成银牌或金牌吗？"小俊不假思索地回答说："当然想啦！"那么你知道如何把铜牌变成金牌或银牌吗？

金牌　　　　　　　　银牌　　　　　　　　铜牌

化学原理

姐姐教小俊把铜牌放进硝酸银溶液，片刻后取出，铜牌便变成银牌了；若把铜牌放进硝酸金溶液中，铜牌便变成了金牌。这便是化学中的置

换反应，该反应如下：

硝酸银溶液＋铜牌上的铜→铜牌上的银

此外，还有一个方法可以将铜牌变成银牌或金牌，但该方法是利用了化学的非置换作用：

（1）把 12 克氢氧化钠溶于 50 立方厘米的水中。

（2）把 3 克锌置于氢氧化钠溶液中加热。这时，把铜牌放进热溶液中约 5 分钟。

（3）把铜牌取出，就会发现铜牌已变成"银牌"。

（4）把这面"银牌"放在火上烤一会儿，银牌又会变成"金牌"。

听毕姐姐的解释后，小俊却说："还是自己辛苦赢得的铜牌更有价值呢！"

延伸阅读

置换反应是一种单质和一种化合物生成另一种单质和另一种化合物的反应，是化学反应基本类型之一。置换是指组成单质的元素代换出化合物里的某种元素。

置换反应有两个突出特点：

一是在反应中一种游离态元素将另一种元素从其化合物中替换出来，使其变为游离态，因而在反应物和生成物中必定各有一种单质出现。例如：

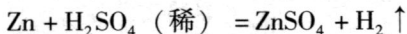

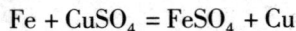

$$Zn + H_2SO_4（稀）= ZnSO_4 + H_2\uparrow$$

$$Fe + CuSO_4 = FeSO_4 + Cu$$

二是反应的发生必定伴有某些元素化合价的变化，因此属于氧化还原反应，如上述两例。

在初中阶段学习的是发生在水溶液里的置换反应，主要有金属与酸溶液的反应和金属与盐溶液的反应，这两种反应都遵循金属活动性顺序而进行。

1. 金属 + 酸→盐 + 氢气

金属：必须是位于金属活动性顺序中氢以前的金属，排在氢后面的金属不能跟酸发生置换反应。金属的位置愈靠前，置换反应愈容易进行。例如：

$$Mg + H_2SO_4（稀）= MgSO_4 + H_2\uparrow 很快$$

$$Zn + H_2SO_4（稀）= ZnSO_4 + H_2\uparrow 平稳$$

$$Fe + H_2SO_4（稀）= FeSO_4 + H_2\uparrow 较慢$$

$$Cu + H_2SO_4（稀）不能反应$$

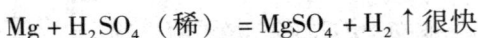

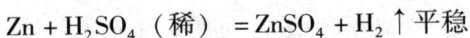

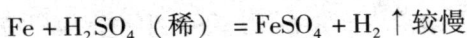

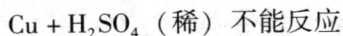

酸：必须是可溶性的非氧化性酸，如盐酸、稀硫酸、磷酸等。氧化性酸如硝酸、浓硫酸等不能与金属发生置换反应，这种具有强氧化性的酸与金属发生的是另一种类型的反应。例如：

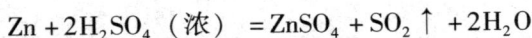

$$Zn + 2H_2SO_4（浓）= ZnSO_4 + SO_2\uparrow + 2H_2O$$

此外，碳酸（H_2CO_3）、氢硫酸（H_2S）等很弱的酸，虽然能与氢前面的金属发生置换反应，但其反应不够典型或难以进行。硅酸（H_2SiO_3）是微溶性酸，难与金属发生置换反应。

盐：反应生成的盐必须是可溶的，否则，生成难溶或微溶的盐会沉积在金属表面，阻碍反应顺利进行。例如下列反应因生成难溶的硫酸铅，反应很难顺利进行：

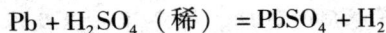

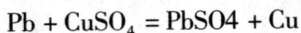

$$Pb + H_2SO_4（稀）= PbSO_4 + H_2$$

$$Pb + CuSO_4 = PbSO4 + Cu$$

2. 金属 + 盐→另一种盐 + 另一种金属

金属：只有在金属活动性顺序中位于前面的金属才能把位于后面的金

属从它们的盐溶液中置换出来。这两种金属的位置相距愈远，反应愈容易进行。但应注意，K、Ca、Na 等很活动的金属在与其他金属的盐溶液发生反应时，是先置换水中的氢，而难以置换盐中的金属。例如将一小块金属钠投入氯化铁溶液中，发生的反应是：

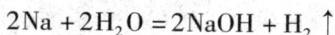

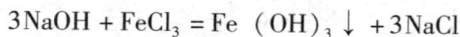

$$2Na + 2H_2O = 2NaOH + H_2 \uparrow$$

$$3NaOH + FeCl_3 = Fe（OH）_3 \downarrow + 3NaCl$$

盐：反应物和生成物中的盐都应是可溶性的。

以上讨论的都是在水溶液中进行的置换反应。此外，在初中化学里还接触到一些不是在水溶液中而是在干态下发生的置换反应。例如：

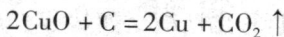

$$CuO + H_2 = Cu + H_2O$$

$$2CuO + C = 2Cu + CO_2 \uparrow$$

这类反应的规律是受其他因素支配的，不能依据金属活动性顺序去判断。

橡胶的黑与白

你知道吗

我们在生活中，会遇到形形色色的橡胶制品：扎小辫儿的皮筋，去铅笔迹的橡皮擦，上体育课用的篮球、小足球，以及球鞋，雨靴，软管，轮胎……

它们最大的特点是富有弹性。人们对橡胶感兴趣，正是看中了它的弹性。最早的自行车装的是木轮子，骑起来颠簸得厉害。自从发现橡胶以后，人们在木轮的外缘镶上橡胶，自行车行驶起来平稳多了。后来，充气的橡胶轮胎代替了实心的橡胶木轮，自行车才有了今天的模样。我们走路、爬山，要穿橡胶底鞋子。汽车翻山越野，飞机起飞降落，橡胶轮胎就是它们的鞋子。全世界80%的橡胶用来制造轮胎。有趣的是，桥梁的底座上也衬有厚厚的橡胶支承垫，连同日常生活中使用的橡胶制品，都是利用橡胶的弹性。

但是，橡胶有的黑有的白，这是如何区分和规定的呢？

化学原理

橡胶的故乡在南美洲。那儿生长着一种橡胶树，割破树皮会流出白色的胶乳，一滴一滴流淌下来。当地的印第安人把这种胶乳叫做"树的眼泪"。他们将胶乳凝结后做成圆球，一边唱着歌，一边围着圆圈跳舞，把球传来传去。球儿落地，还能高高地弹起。这是他们最快活的游戏了。当时，印第安人玩的橡胶实心球是生胶制的。天然的生胶虽然有弹性，但它的大分子链条好像许多单根的弹簧，散乱地堆积在一起，弹性并不很大，而且这些弹簧容易拆开、分离，所以生胶一拉就断，没有韧性，稍稍受热就发黏、变软。

美国有一个贫穷的发明家古德意，他决心把生胶改造成既富有弹性又坚韧结实的理想材料。他对橡胶着迷30多年，但是却一生贫困潦倒。古德意的家乡流传着这样的故事：你想找到古德意这个人吗？看，那就是！他头戴橡皮帽，身披橡胶衬里的风衣，里面穿着橡皮背心，下身套着橡皮裤子，脚登胶靴，手里拎个胶皮钱包——里面没有一文钱。古德意在生胶里掺进氧化镁，用石灰水煮，也试过用硝酸煮，还试过在生胶表面撒硫黄，放在太阳下晒等等。各种试验都失败了，后

来，他在坩埚里加进生胶块、硫黄粉和松节油，放在火炉上煮。不小心，从坩埚里蹦出一块胶，落入火焰，尽管烧焦了，却没有发黏。古德意高兴得跳起来，经过掺硫加热得到的橡胶，正是他朝夕盼望的材料。

在今天的橡胶工厂里，这叫做"硫化"工艺。从此，生胶被改造成了有用的材料。古德意的硫化工艺后来被化学家弄清楚了：硫原子在生胶的大分子链节之间建立起"桥梁"，好像做沙发时一个个弹簧互相之间用麻绳、铁丝勾联成一个整体，弹性好，又不松散。

橡胶里掺上炭黑，可以变硬，耐磨。鞋底、橡胶轮胎的黑颜色，就是炭黑造成的。白橡胶里不加炭黑，改加白色的碳酸钙、钛白粉等填料。擦铅笔字的橡皮只能用白橡胶做，总不能擦去了铅笔字却留下了黑色的痕迹吧。因此，橡胶的黑与白，不是随随便便挑选的颜色。

延伸阅读

相比天然橡胶，合成橡胶是由分子量较低的单体经聚合反应而成的，其基本成分是丁二烯及异戊二烯分子。

1. 合成橡胶的产生

天然橡胶在耐寒性、弹性等方面均优于目前任何合成橡胶。如何用合成方法，制出性能与天然橡胶相仿的橡胶品种，是人们百余年来探索的重大课题。

合成橡胶

74

100 多年前人们已经基本弄清天然橡胶的组成和结构，但是大量制取合成聚戊二烯橡胶还是 20 世纪 50 年代才开始的。50 年代后人们才从石油产品中大量生产异戊二烯，真正使异戊二烯聚合成聚戊二烯是 1954 年才实现的。因为那一年发现了一种新型的聚合催化剂——钛催化剂和锂催化剂。在钛、锂催化剂催化下，合成橡胶中顺式聚合体的含量可分别达到 97% 和 92%，而天然橡胶中为 98%。后来，我国化学家研制出一种稀土催化剂，其工艺流程和经济效益均超过钛、锂催化剂。

2. 合成橡胶的分类

合成橡胶的性能和种类因单体不同而异。按照不同的性能和用途，可分为通用橡胶和特种橡胶两类。通用橡胶有丁苯橡胶（单体为丁二烯、苯乙烯）、顺丁橡胶（单体为丁二烯）、异戊橡胶（单体为异戊二烯）、氯丁橡胶（单体为氯丁二烯）、乙丙橡胶（单体为乙烯、丙烯）、丁基橡胶（单体为异丁烯、异戊二烯）、丁腈橡胶（单体为丁二烯、丙烯腈）。特种橡胶主要有硅橡胶、氟橡胶和聚氨酯橡胶。生产合成橡胶所需的单体，主要来自石油化工产品。

手表里的钻

你知道吗

你注意观察过机械手表吗？在它的盘面上，可以看到"17 钻"或者"19 钻"等字样。这是表示，手表里有 17 粒或 19 粒钻石。钻石，原来是指金刚石，也就是金刚钻。后来，人们把其他一些坚硬的宝石也叫做钻石。国外生产的手表盘上标着"17 Jewelsl"，"Jewel"就是宝石的意思。

手表的钻数越大，质量越好。一般的闹钟没有钻数，标明"5钻"、"7钻"的钟就是上好的品种了。钟表里为什么要用宝石呢？

化学原理

拆开钟表，你会看到它的"五脏六腑"是许多小齿轮。齿轮不停地转动，带动秒针、分针和时针准确地向前移动。支架齿轮的轴承必须经受住无数次的摩擦而很少损耗变形，才能保证钟表报时的准确。

这坚硬、耐磨的轴承是由人造红宝石做成的。钟表里有多少个这样的宝石轴承，就标明是多少钻。那么人造宝石是怎么制造出来的呢？

我们知道，自然界的宝石十分珍贵。它们都是在特殊的地质、压力和温度条件下生成的晶体。它们非常稀罕，又晶莹瑰丽，坚硬非凡。宝石之王——金刚石，采掘起来非常困难。在矿区，往往要劈开2.5吨岩石，才可能获得1克拉金刚石。1979年全世界挖到的金刚石仅1000多万克拉，一辆卡车即可载走。名贵的金刚钻价值连城，成为稀罕的珍宝。金刚钻用在工业上，是无坚不摧的"切割手"。

"没有金刚钻，莫揽瓷器活"，玻璃刀上有一小粒金刚石，切割玻璃全靠它。金刚石车刀削铁如泥，金刚石钻头钻探速度高，进尺深。闪烁着星光的红宝石和蓝宝石，也叫刚玉宝石。而做手表需要的钻石却越来越多，于是人们想：能不能搞人造宝石呢？要制造宝石，先得知道宝石的化学成分，红、蓝宝石的化学成分是极普通的三氧化二铝。我们脚下的泥土里就含有不少三氧化二铝。不过，红宝石、蓝宝石是纯净的三氧化二铝，微量的铬或铁使它显出漂亮的鲜红色或者蔚蓝色。于是，人们从铝矾土中提炼出纯净的三氧化二铝白色粉末，再将它放在高温单晶炉里熔融、结晶，同时掺进微量的铬盐或者氧化铁，这样就得到了人造红宝石和蓝宝石。人造红宝石除了作手表里的"钻"，精密天平的刀口和电唱机里的唱针外，还是激光发生器的重要材料，它可以产生深红色的激光。激光的用处可大啦，激光手术刀、光雷达、光纤通信、激光钻孔等等都离不开它。最古老的装饰品、稀世的珍宝竟成为工业产品、现代科技的重要角色。

延伸阅读

那么你知道钻石为什么如此昂贵吗？钻石之所以被人类称之为"宝石之王"，并成为最昂贵的宝石品种，除与钻石本身具有魅力的品质有关外，还与钻石矿床的探测、加工等有着密切的关系。

1. 钻石固有的内在魅力品质

作为宝石，必须具备美丽、耐久和稀少这三大要素。钻石是唯一一种集最高硬度，强折射率和高色散于一体的宝石品种，任何其他宝石品种都是不可比拟的。这样的宝中之宝、稀中之罕，理所应当地成为贵中之最了。

2. 钻石文化源远流长

自古以来，钻石一直被人类视为权力、威严、地位和富贵的象征。其坚不可摧、攻无不克、坚贞永恒和坚毅阳刚的品质，是人类永远追求的目标。它具有潜在的、巨大的文化价值。

3. 钻石矿床探寻艰难，耗资巨大

钻石矿床的寻找，并不像传说中的那样，不小心摔一跤就能发现一个钻石矿床。钻石矿床的探寻往往要花上几十年，甚至上百年的努力和劳动，耗资巨大。如苏联西伯利亚原生金刚石矿床的探寻，从1913年开始，历经了18年的艰辛，才得以发现；博茨瓦纳的"欧拉"原生矿床，耗资3200万美元，历经12年的奋斗才挖掘出来；近几年，在加拿大西北部发现的金刚石原生矿床，则是经历了几代地质学家的艰苦努力，耗资至少达几亿美元才找到的。

4. 金刚石矿床数量少，宝石级金刚石矿床品位低

世界金刚石矿床的数量，如果与铁、铜和金矿数量相比的话，可以说是少得可怜，屈指可数。在开采出的金刚石中，平均只有20%达到宝石级，而其余80%只能用于工业。但这20%宝石级金刚石的价值却相当于80%工业金刚石的5倍之多。世界金刚石年产量约为10000万克拉，宝石级约为1500万克拉，而加工成钻石的约为400万克拉（相当于800千克）。

5. 开采的规模浩大、难度极高

钻石矿床的开采，可以说是一件规模巨大，却又细心备至的工作。开采过程中，既需充分开采含有钻石的矿石，又要谨小慎微，以确保矿石中钻石原石颗粒完好无损。开采不当会导致经济的巨大损失。不论是露天开采，还是地下挖掘，都是一项声势和场面浩大的工程，人力物力的投入是难以想象的。

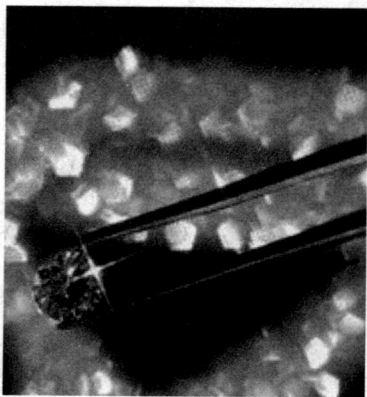

钻石

6. 钻石加工程序复杂，工时量大

对开采出的矿石经精心破碎和分选后，并不像其他金属矿床一样，即可投入大批量的冶炼，而是要对每一粒钻石毛坯进行逐粒精心细致的分析，才能确定下切磨方案，以确保其重量、净度和款式。这往往需要对钻石本身物理光学性质有充分了解、经验相当丰富的人员来进行。一般步骤是：设计标线；劈钻；锯钻；车钻；磨钻；清洗分级。而这每一步骤中还包括了许许多多的小程序。每一小步都需要精湛的工艺技术和丰富的经验。就拿世界之最的库利南钻石来说，原石重 3106 克拉，3 个经验丰富、技艺超群的工匠，每天工作 14 小时，共耗时 8 个月，才将它分割成 4 颗大钻和 101 颗小钻。有些世界著名钻石的加工，往往仅设计都要花费几个月，甚至 1～2 年的时间。

7. 到消费者手中，一颗钻石的经历繁多

据有人初步统计，一颗钻石，从它的开采、分选、加工、分级、销售，到最后卖到购买者手中，约涉及 200 多万人，一枚钻戒是天然造物主和 200 多万人心血的结晶，钻石的无比珍贵也就在其中。

染发剂到底会不会致癌

？ 你知道吗

走在大街上，我们常常会发现五颜六色的头发：红色、棕色、金色、栗色、橘色、绿色……当然，她们中的大多人并不是来自异国他乡，而是借助了现代的染发手段，将自己原来的黑发变了色。对于那

些追赶潮流的年轻人来说，染发是一件稀松平常的事情，他们可以随心所欲改变头发的颜色，而且为了对付新长出的黑发"捣乱"，还得不时地去补染。

那么，彩色的头发给人们带来美丽、多变的造型的同时是否会给人体的健康带来隐患呢？

染发剂

 **化学原理**

染发的原理就是将头发表层的毛鳞片打开，让颜色颗粒进去。头皮是人体毛囊最多、最密集的部位，染发剂中的有害物质通过头皮以及挥发经过毛囊进入人体。即便没有直接接触头皮，化学成分经过挥发形成的气体也会通过毛囊进入人体。

染发剂是否致癌尚无定论。有媒体报道说，染发剂的主要成分对苯二胺是有毒化学物质，是国际公认的有害物质。染发后，染发剂中的有毒物质通过皮肤毛囊进入血液到达骨髓，会引起皮肤癌、膀胱癌、白血病等。

但是，美国化妆品成分评审指导委员会经过多年研究得出的结论表明，绝大多数动物试验和流行病学数据不支持对苯二胺会使人致畸和致癌。因此他们的结论是，在目前使用条件下，对苯二胺作为染发剂使用是安全的。有资料显示，在制造对苯二胺的过程中，可能有极微量的副反应物会影响人体安全。

到现在为止，欧盟和美国都尚未把对苯二胺列为致癌物质，也都没有禁止在染发产品中使用对苯二胺。

不过，欧盟已正式发布 500 多种使人致癌的物质清单。只要物质列入其中，一律不得作为化妆品原料使用。

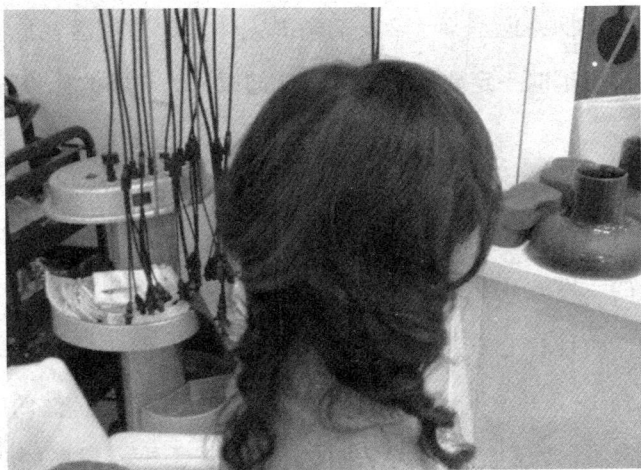

染成红色的头发

然而，致癌是一个需要几年甚至几十年的长期过程，要最终做出致癌的评价是需要时间的。国际上评价化学品是否对人体致癌有着严格的规定。仅在个别的致癌试验中得到阳性结果的物质，不能说它就会使人致癌。需要有人体致癌的科学证据（一般为流行病学结果）或全面、充分、多种动物试验结果的强力支持才能确定其使人致癌。

据报道，染发剂最常见的危害就是过敏反应，比如局部的皮肤出现红

斑、水泡、瘙痒及过敏性皮炎等症状。严重的过敏人群则会发生全身性的过敏现象，比如呼吸道痉挛等，甚至危及生命。

据网络调查显示：在被调查的 2600 多人中，染过发的人占到了 90% 以上，更有近四成的人经常染发，而且 30 岁以前开始染发的人占到了被调查者的半数左右。

血液专家警告说，患有血液病患者、荨麻疹患者、哮喘病患者、过敏性疾病患者、使用抗菌素的人、头面部外伤或伤口未痊愈者、准备生育的夫妻、孕妇和哺乳期妇女不宜染发。

染发固然美丽，但是鉴于染发剂会对人体健康造成潜在危害，所以消费者在使用染发剂时一定要慎重，不要让健康成为美丽的代价。

延伸阅读

一个人的头发有几十万根之多，如果谁有一头乌黑发亮的头发，不但能御寒防晒，而且看上去会更加潇洒，增加美感。但头发的寿命可不能跟人相比，只有 3~5 年。平时掉几根头发是十分正常的事，然而成片成片地脱发就不正常了，人们把这种症状叫做"秃头"，更有意思的叫法是"鬼剃头"。

有一年的夏天，在贵州某市附近的一个小村庄里，一位马上就要出嫁的姑娘正对着镜子梳妆时，突然发现自己的头发成片成片地脱落，甚至露出了青灰色的头皮，美丽的长发姑娘顿成了一个秃头的尼姑，这怎么能受得了，她不由得放声大哭起来。真是祸不单行，福不双至。这个村庄在此后的几个月内，竟然又有七八十人得了类似的怪病。迷信的人们就说，这是鬼给他们剃了头。

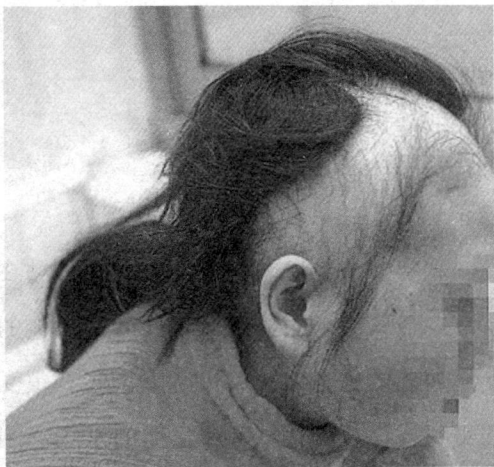

铊会使人脱发

世上是没有鬼的，他们的头发又是为什么而脱落的呢？

科学家们仔细研究了村子周围的环境，终于发现了这个"鬼"发师。

原来村民们饮用的水源中含有大量的铊离子，它的浓度大大超过了正常的标准。村民们喝水时，铊离子就进入人体中，从而使很多人掉了头发。

镜子背面是水银还是银

你知道吗

爱美的女士离不开镜子，常常穿着漂亮衣服在镜子前"孤芳自赏"，获得无限的满足感，而小孩子喜欢照哈哈镜，往哈哈镜前一站，镜子里的像变成了很滑稽的模样：胖身子、小脑袋、大头娃娃、长脸蛋、瘦高条……

那么你知道镜子背面是水银还是银呢?

化学原理

在300多年前,玻璃镜子出世。将亮闪闪的锡箔贴在玻璃面上,然后倒上水银。水银是液态金属,它能够溶解锡,变成黏稠的银白色液体,紧紧地贴在玻璃板上。玻璃镜比青铜镜前进了一大步,很受欢迎,一时竟成了王公贵族竞相购买的宝物。当时只有威尼斯的工场会制作这种新式的玻璃镜,欧洲各国都去购买,财富像海潮一般涌向威尼斯。镜子工场被集中到穆拉诺岛上,四周设岗加哨,严密地封锁起来。后来法国政府用重金收买了四名威尼斯镜子工匠,将他们秘密偷渡出国境。从此,水银玻璃镜的奥秘才公开出来,它的身价也就不那么高贵了。

不过,涂水银的镜子反射光线的能力还不很强,制作费时,水银又有毒,所以后来被淘汰了。现代的镜子,背面是薄薄的一层银。这一层银不是涂上去的,也不用电镀,它是靠化学上的"银镜反应"涂上去的。在硝酸银的氨水溶液里加进葡萄糖水,葡萄糖把看不见的银离子还原成银微粒,沉积在玻璃上做成银镜,最后再刷上一层漆就行了。看到这里,你会说:"镜子背面发亮的东西不是水银,是银。"这个结论又落后于时代啦!近年来,百货商店里已有不少镜子是背面镀铝的。铝是银白色亮闪闪的金属,比贵重的银便宜得多。制造铝镜,是在真空中使铝蒸发,铝蒸气凝结在玻璃面上,成为一层薄薄的铝膜,光彩照人。这种铝镜价廉物美,很有前途。这样,你会说:"想不到小小一面镜子,也在发展变化着!单是它背面的化学物质就有好几种呢。"

玻璃镜子

延伸阅读

汞是一种化学元素，俗称水银。它的化学符号是 Hg，它的原子序数是 80。它是一种密度很大、银白色的液态过渡金属。因为这种特性，水银多被用于制作温度计。

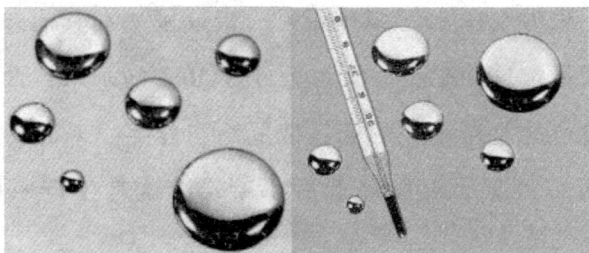

水银

汞在常温下呈液态，色泽如银，故俗称"水银"。李时珍在《本草纲目》中记载"其状如水，似银，故名水银"。

中国人和印度人很早就知道汞了。在公元前1500年的埃及墓中也找到了汞。公元前500年左右它和其他金属一起用来生产汞齐。古希腊人将它用在墨水中，古罗马人将它加入化妆品。炼金术士以为所有的物质都是由汞组成的，假如他们能将汞固体化，汞就会化为金。

18世纪和19世纪中汞被用来将做毡帽的动物皮上的毛去掉，这在许多制帽工人中导致了脑损伤。

在西方，炼金术士用罗马神使墨丘利来命名它，它的化学符号Hg来自拉丁词hydrargyrum，这是一个人造的拉丁词，其词根来自希腊文hydrargyros，这个词的两个词根分别表示"水"（Hydro）和"银"（argyros）。

水银在中国也曾作药用，早在晋朝葛洪著《肘后备急方》卷六中，有"葛氏疗年少气充面生包疮"处方：胡粉、水银、腊月猪脂和熟，研令水银消散，向暝以粉面，晓拭去，勿水洗。至暝又涂之，三度即差。

秦始皇陵中的水银有防盗、防腐等作用。

汞是地壳中相当稀少的一种元素，极少数的汞在自然中以纯金属的状态存在。朱砂（HgS）、氯硫汞矿、硫锑汞矿和其他一些与朱砂相连的矿物是汞最常见的矿藏。大约世界上50%的汞来自西班牙和意大利，其他主要产地是斯洛文尼亚、俄罗斯和北美。朱砂在流动的空气中加热后汞可以还原，温度降低后汞凝结，这是生产汞的最主要的方式。

如何使银饰光亮如新

你知道吗

爱美的女孩喜欢在脖子上或者手腕上佩戴银饰，银饰不仅造型美观，而且质地偏软，价格也相比金、铂等贵金属要便宜许多。不过，戴银饰久了，就会发现，银饰的颜色会因为氧化而渐渐变暗、变黑，失去了原来的光泽。那么，你知道通过什么化学方法会恢复它光亮如新的本来面目吗？

化学原理

佩戴久了的银饰颜色会发暗是因为银和空气中的硫化氢作用生成黑色的硫化银（Ag_2S）的结果。要想恢复银饰的本来面目，我们告诉大家一个好方法。

首先须用洗衣粉先洗去银饰表面的油污，然后把它和铝片放在一起，放入碳酸钠溶液中煮，直到银器恢复银白色。最后，取出银器，用水洗净后可看到光亮如新的银器表面。

反应的化学方程式如下：

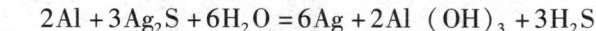

$$2Al + 3Ag_2S + 6H_2O = 6Ag + 2Al(OH)_3 + 3H_2S$$

延伸阅读

有很多家庭都有用来装饰家居的铜器，它和银饰一样，在空气中置久会"生锈"。铜在潮湿的空气中会被氧化成黑色的氧化铜，铜器表面的氧化铜继续与空气中的二氧化碳作用，生成一层绿色的碱式碳酸铜 $CuCO_3 \cdot Cu(OH)_2$。另外，铜也会与空气中的硫化氢发生作用，生成黑色的硫化铜。

那如何使它光亮如新呢？只需用蘸浓氨水的棉花擦洗发暗的铜器的表面，就立刻会发亮。因为用浓氨水擦洗铜器的表面，氧化铜、碱式碳酸铜和硫化铜都会转变成可溶性的铜氨络合物而被除去。或者用醋酸擦洗，把表面上的污物转化为可溶性的醋酸铜，但这效果不如前者好，洗后再用清水洗净铜器，铜器就又亮了。

我们居住的化学物质世界

怎样防止煤气中毒

你知道吗

煤气中毒，是指在密闭的居室使用煤炉取暖、做饭，使用燃气热水器长时间洗澡而又通风不畅等，造成过量吸入煤气而中毒的事故。每年的秋冬季节都是煤气中毒的高发季节，常有相关的案例报道。那么煤气中毒的机理是什么呢？我们又该怎么防治呢？

燃气热水器使用到一定年限需要及时更换，以防煤气中毒

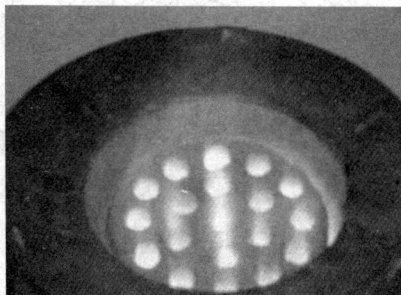

蜂窝煤也是煤气中毒的一大来源

化学原理

煤气是煤在隔绝了空气的地方燃烧而分解出来的一种混合气体，是氢（H_2）、甲烷（CH_4）、一氧化碳（CO）、乙烯（C_2H_4）、氮（N_2）以及二氧化碳（CO_2）等的混合气体。它们的成分比例大约是 H_2 占46%、CH_4 占38%、CO占12%、C_2H_4 占3%、N_2 和 CO_2 占1%。这些混合的气体里，氢、甲烷、一氧化碳和乙烯都是可以燃烧的，并且占有这种混合气体的最大比例，所以煤气可以用作燃料。

我们平常所说的煤气专指一氧化碳，一氧化碳是煤在空气不流动的地方燃烧生成的。我们有时看见煤炉口上有蓝绿色的火焰，那就是一氧化碳气体在燃烧着。

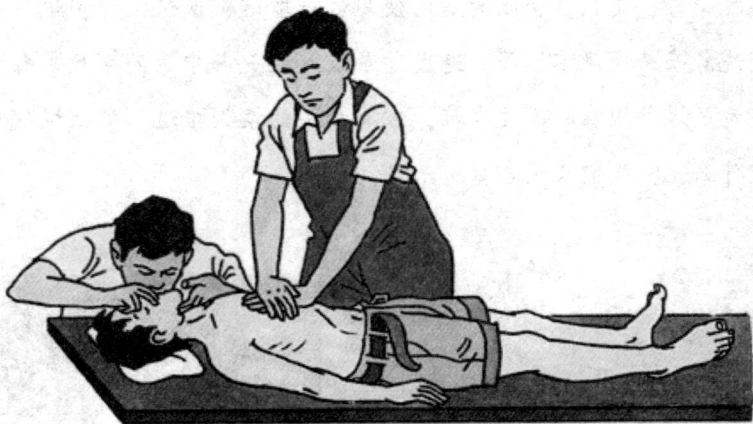

煤气中毒的急救

煤气中毒即一氧化碳中毒。一氧化碳是一种无色无味的气体，不易察觉。血液中血红蛋白与一氧化碳的结合能力比与氧的结合能力要强200多倍，而且，血红蛋白与氧的分离速度却很慢。所以，人一旦吸入一氧化碳，氧便失去了与血红蛋白结合的机会，使组织细胞无法从血液中获得足

够的氧气，致使呼吸困难。

家庭中煤气中毒主要指一氧化碳中毒，液化石油气、管道煤气、天然气中毒，前者多见于冬天用煤炉取暖，门窗紧闭，排烟不良时，后者常见于液化灶具漏泄或煤气管道漏泄等。煤气中毒时病人最初感觉为头痛、头昏、恶心、呕吐、软弱无力，当他意识到中毒时，常挣扎下床开门、开窗，但一般仅有少数人能打开门，大部分病人迅速发生抽筋、昏迷，两颊、前胸皮肤及口唇呈樱桃红色，如救治不及时，则很快因呼吸抑制而死亡。

延伸阅读

煤气中毒的急救误区

误区一：认为煤气中毒患者冻一下会醒。

一位母亲发现儿子和儿媳煤气中毒，她迅速将儿子从被窝里拽出放在院子里，并用冷水泼在儿子身上。当她欲将儿媳从被窝里拽出时，救护车已来到，儿子因缺氧加寒冷刺激，呼吸心跳停止，命归黄泉。儿媳则经医院抢救脱离了危险。另有一爷孙二人同时煤气中毒，村子里的人将两人抬到屋外，未加任何保暖措施。抬出时两人都有呼吸，待救护车来到时爷爷已气断身亡，孙子因严重缺氧导致心脑肾多脏器损伤，两天后死亡。

寒冷刺激不仅会加重缺氧，更能导致末梢循环障碍，诱发休克和死亡。因此，发现煤气中毒后一定要注意保暖，并迅速打"120"呼救。

误区二：认为有臭渣子味就是煤气。

一些劣质煤炭燃烧时有股臭味，会引起头疼头晕。而煤气是一氧化碳气体，是无色无味的，是碳不完全燃烧生成的。有些人认为屋里没有臭渣子味儿就不会中煤气，这是完全错误的。

误区三：以为在炉边放盆清水可预防煤气中毒。

科学证实，一氧化碳是不溶于水的，要想预防中毒，关键是门窗不要关得太严或安装风斗，烟囱要保持透气良好。

误区四：认为煤气中毒患者醒了就没事。

有一位煤气中毒患者深度昏迷，大小便失禁。经医院积极抢救，两天后患者神志恢复，要求出院，医生再三挽留都无济于事。后来，这位患者不仅遗留了头疼、头晕的毛病，记忆力严重减退，还出现哭闹无常、注意力不集中等神经精神症状，家属对让患者早出院的事感到后悔莫及。

煤气中毒患者必须经医院的系统治疗后方可出院，有并发症或后遗症者出院后应口服药物或进行其他对症治疗，重度中毒患者需一两年才能完全治愈。

室内环境污染知多少

你知道吗

空气污染是当前整个社会关注的热点问题，它不仅包括室外空气的污染，也包括室内的污染。

近几年，我国相继制定了一系列有关室内环境的标准，从建筑装饰材料的使用，到室内空气中污染物含量的限制，全方位对室内环境进行严格的监控，以确保人们的身体健康。许多人往往认为现代化的居住条件在不断地改善，室内环境污染已经得到控制。其实不然，我们对室内环境污染的危害还远未达到足够的认识。

化学原理

据检测发现，在室内空气中存在 500 多种挥发性有机物，其

装修带来的室内空气污染

中致癌物质就有 20 多种，致病病毒 200 多种。危害较大的主要有甲醛、苯、氨以及氡等。

1. 甲醛

甲醛是一种无色气体，有特殊的刺激气味，易溶于水和乙醇，广泛用于塑料和合成纤维工业。目前，多种人造板材、胶黏剂、墙纸等都含有甲醛。

甲醛属原浆毒，其气体可由呼吸道吸入，液体可由消化道吸收，在很多组织内，特别是肝脏和红细胞内被迅速氧化为甲酸，从尿中以甲酸盐的形式排出。甲醛主要作用于神经系统，与皮肤、呼吸道和消化道黏膜接触迅速出现反应，有明显的刺激作用。

2. 苯

苯主要来源于胶、漆、涂料和黏合剂中，是主要的致癌物。苯的中毒机理并不十分清楚，多数认为，苯中毒是由苯的代谢产物酚类引起的。酚类具有原浆毒性，从而直接抑制造血细胞的核分裂，对骨髓中核分裂最活跃的早期活性细胞，具有更明显的毒性作用。它可使白细胞中的染色体产生变异，障碍以及脱氧核糖核酸合成不足，从而引起造血系统的损害。此外苯具有半抗原的特性，通过共价键与蛋白质分子结合，使蛋白质变性，这种变性蛋白质具有抗原性而产生变态反应，亦可能是化学物质与抗体的复合物或预先吸附于细胞上的化合物与抗体反应的结果。

3. 氨气

氨气污染在北方地区比较明显。氨气无色，却具有强烈的刺激气味。氨的中毒机理，经实验证明是由于引起糖代谢紊乱以及三羧酸循环受到障碍，降低了细胞色素氧化系统的作用，导致全身组织缺氧，对呼吸系统尤为敏感。氨对细胞蛋白质有溶解作用，并能渗入组织中，与脂肪组织起皂化作用，故能致皮肤及皮下灼伤。

4. 氡

室内装修材料有害物质中的放射性物质主要是氡。与其他有毒气体不同的是，氡是看不见、嗅不到的，即使在氡浓度很高的环境里，人们对它也毫无感觉，然而氡对人体的危害却是终身的，它是导致肺癌的第二大因素。氡是天然放射性物质铀和钍衰变过程的中间产物。一旦氡存在于室内，便会经呼吸道进入人体，吸入的瞬间，核现象和化学现象相互结合，导致了对人体的伤害。

延伸阅读

大量触目惊心的事实证实，室内空气污染已成为危害人类健康的"隐形杀手"，也成为全世界各国共同关注的问题。研究表明，室内空气的污

染程度要比室外空气严重 2~5 倍，在特殊情况下可达到 100 倍。因此，美国已将室内空气污染归为危害人类健康的五大环境因素之一。世界卫生组织也将室内空气污染与高血压、胆固醇过高症以及肥胖症等共同列为人类健康的十大威胁。

据统计，全球近一半的人处于室内空气污染中，室内环境污染已经引起 35.7% 的呼吸道疾病，22% 的慢性肺病和 15% 的气管炎、支气管炎和肺癌。目前中国每年由室内空气污染引起的超额死亡数已经达到 11.1 万人，平均每天 304 人，超额急诊数达 430 万人次，直接和间接经济损失高达 107 亿美元。

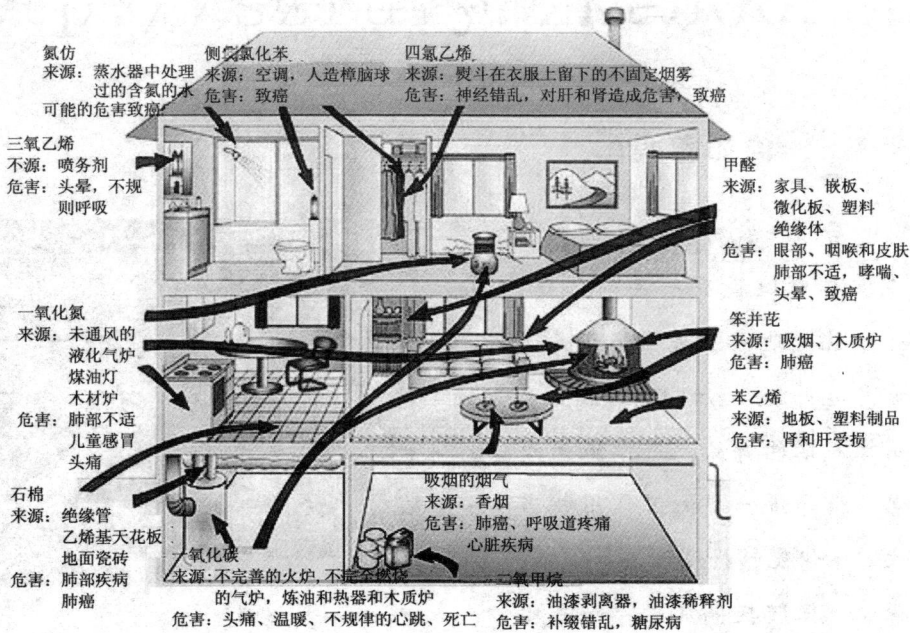

氯仿
来源：蒸水器中处理过的含氯的水
危害：可能的危害致癌

侧位氯化苯
来源：空调，人造樟脑球
危害：致癌

四氯乙烯
来源：熨斗在衣服上留下的不固定烟雾
危害：神经错乱，对肝和肾造成危害，致癌

三氯乙烯
来源：喷雾剂
危害：头晕，不规则呼吸

甲醛
来源：家具、嵌板、微化板、塑料绝缘体
危害：眼部、咽喉和皮肤肺部不适，哮喘、头晕、致癌

一氧化氮
来源：未通风的液化气炉煤油灯木材炉
危害：肺部不适儿童感冒头痛

笨并花
来源：吸烟、木质炉
危害：肺癌

苯乙烯
来源：地板、塑料制品
危害：肾和肝受损

石棉
来源：绝缘管乙烯基天花板地面瓷砖
危害：肺部疾病肺癌

吸烟的烟气
来源：香烟
危害：肺癌、呼吸道疼痛心脏疾病

一氧化碳
来源：不完善的火炉，不完全燃烧的气炉，炼油和热器和木质炉
危害：头痛、温暖、不规律的心跳、死亡

二氧甲烷
来源：油漆剥离器、油漆稀释剂
危害：补缀错乱，糖尿病

室内空气的主要污染源

一些业内人士和专家一致认为，科学认识室内空气污染并及时予以治理非常重要，严重超标的住房必须经过专业集中治理后，才能安全入住。

专业人士建议，治理室内空气污染的正确办法是，首先应对居室空气进行检测，确定污染程度和主要的有害成分，然后根据有害气体超标的情况，选择适当的治理方法，清除有害气体。在集中治理的基础上，对以后缓慢释放的有害气体，还要利用长效空气杀菌剂进行吸附、氧化处理，最大限度地把有害气体消灭在刚释放状态，从而达到长期净化空气的目的。总之，居室装饰装修过后，千万别忘先检测，以免搬进"毒气室"，危及健康与生命！

地膜也环保

？你知道吗

居住在农村的孩子们或多或少都对地膜有一定的认识。地膜就是地面上覆盖薄膜，通常是透明或黑色的 PE 薄膜，也有绿、银色薄膜，用于地面覆盖，虽薄薄一层，但作用相当大。不仅能够提高地温、保水、保土、保肥提高肥效，而且还

地膜

有灭草、防病虫、防旱抗涝、抑盐保苗、改进近地面光热条件，使产品卫生清洁等多项功能。对于那些刚出土的幼苗来说，具有护根促长等作用。对于我国三北地区，低温、少雨、干旱贫瘠、无霜期短等限制农业发展的

因素，具有很强的针对性和适用性，对于种植二季水稻育秧及多种作物栽培上也起了作用。但是用过后废弃的膜长期留在地里会对生态环境造成危害，不过最近出现了一种用完会自动消失的膜，这是怎么回事呢？

化学原理

原来这是科研人员的最新研究成果。武汉大学张俐娜教授提出了用甘蔗渣、麦秆、芦苇浆做原料生产"再生纤维共混膜"的研究课题，并最终获得成功。使用共混膜不但能使农作物增产20%，而且其寿命一旦终结，其成分的30%可被微生物吃掉，剩余部分在40多天内自动降解，且对土壤无副作用。普通地膜等塑料废弃物不溶于水，在自然界中很难被生物分解。长期留在土壤里，会影响土壤透气性，阻碍水分流动和农作物的根系发育。

延伸阅读

谈到可降解可吸收使我们不免想到了医用可吸收缝合纤维！可吸收缝合线是由聚乙交酯—丙交酯纺丝、编织而制成，其水解后的物质组织反应低，可被人体吸收的一种医用缝合线。其抗张强度高，抗张强度维持时间超过伤口愈合所需的5~7天，其打结强度大大超过羊肠线，为患者提供了安

医用可吸收缝合线

全保障。生物相容性好对人体无致敏反应，无细胞毒性，无遗传毒性，无刺激，并能促进纤维结缔组织向内生长。吸收可靠，能被人体通过水解的方式吸收。

植入体内 15 天后开始吸收，30 天后大部分吸收，60~90 天完全吸收。操作简便，质软、手感好，使用时滑爽、组织拖曳低、打结方便、牢固、无断线之忧。经过灭菌消毒的包装打开即可使用，操作便利。

为什么不可以随意丢弃废电池

你知道吗

随着社会的发展和人们环保意识的加强，越来越多的人懂得废弃的旧电池不可以随便丢弃，大家可能都模模糊糊地知道电池里有很多放射性元素对人体和环境都不好，可是究竟是不是放射性元素在作怪呢？都有什么放射性元素以及我们应该怎样处理才能避免伤害呢？

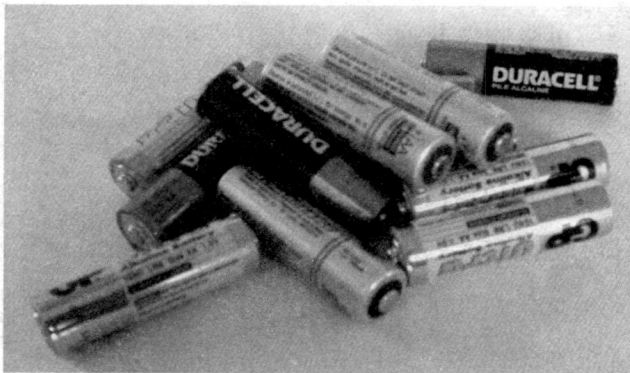

废旧电池的危害很大

化学原理

废旧电池的危害主要集中在其中所含的少量的重金属上，如铅、汞、镉等。这些有毒物质通过各种途径进入人体内，长期积蓄难以排除，损害神经系统、造血功能和骨骼，甚至可以致癌。铅会导致神经系统（神经衰弱、手足麻木）、消化系统（消化不良、腹部绞痛）、血液中毒和其他的病变。汞会引起脉搏加快、肌肉颤动、口腔和消化系统病变，精神状态改变是汞中毒的一大症状。镉、锰主要危害神经系统。

那么废旧电池有什么污染环境的途径呢？这些电池的组成物质在使用过程中，被封存在电池壳内部，并不会对环境造成影响。但经过长期机械磨损和腐蚀，使得内部的重金属和酸碱等泄露出来，进入土壤或水源，就会通过各种途径进入人的食物链。过程简述如下：池土壤微生物动物循环粉尘农作物食物人体神经沉积发病。专家们认为，由于电池污染具有周期长、隐蔽性大等特点，其潜在危害相当严重，处理不当还会造成二次污染。据专家介绍，我国沿海某省的一些农民在回收铅酸蓄电池中的铅时，因为回收处理不当，把含有铅和硫酸的废液倒掉，不仅造成了铅中毒，而且使当地农作物无法生长。一节一号电池烂在地里，能使 1 平方米的土壤永久失去利用价值；一粒纽扣电池可使 600 吨水受到污染，相当于一个人一生的饮水量。

我们日常所用的普通干电池，主要有酸性锌锰电池和碱性锌锰电池两类，它们都含有汞、锰、镉、铅、锌等各种金属物质，废旧电池被遗弃后，电池的外壳会慢慢腐蚀，其中的重金属物质会逐渐渗入水体和土壤，造成污染。重金属污染的最大特点是它在自然界是不能降解，只能通过净化作用，将污染消除。

延伸阅读

既然废旧电池的危害这么大，那我们应该怎样处理它们呢？如何简单、环保地处理废旧电池呢？

废旧电池回收利用处理过程大致有以下几步：

（1）分类。将回收的废旧电池砸烂，剥去锌壳和电池底铁，取出铜帽和石墨棒，余下的黑色物是作为电池芯的二氧化锰和氯化铵的混合物，将上述物质分别集中收集后加工处理，即可得到一些有用物质。其石墨棒经水洗、烘干再用作电极。

（2）制锌粒。将剥去的锌壳洗净后置于铸铁锅中，加热熔化并保温 2 小时，

回收废旧电池

除去上层浮渣，倒出冷却，滴在铁板上，待凝固后即得锌粒。

（3）回收铜片。将铜帽展平后用热水洗净，再加入一定量的 10% 的硫酸煮沸 30 分钟，以除去表面氧化层，捞出洗净、烘干即得铜片。

（4）回收氯化铵。将黑色物质放入缸中，加入 60℃ 的温水搅拌 1 小时，使氯化铵全部溶解于水中，静止、过滤、水洗滤渣 2 次，收集母液；在将母液真空蒸馏至表面有白色晶体膜出现为止，冷却、过滤得氯化铵晶体，母液循环利用。

（5）回收二氧化锰。将过滤后的滤渣水洗 3 次，过滤，滤饼置入锅中

蒸干除去少许的碳和其他有机物，再放入水中充分搅拌30分钟，过滤，将滤饼于100～110℃烘干，即得黑色二氧化锰。

空中杀手——酸雨

你知道吗

酸雨是工业高度发展而出现的副产物，随着大气污染的日益严重，世界各地均不同程度地出现了酸雨现象，目前酸雨的酸度不断增强，范围日益扩大。在欧洲，据大气化学网近20年的连续观测，整个欧洲都在降酸雨；在北美，降落强酸雨已司空见惯；俄罗斯西部地区也常常降落酸雨。酸雨亦席卷亚洲，如日本、印度南部和东南亚等国也在降酸雨。以前酸雨仅限于大城市和工业集中地，近年来已发展到中小城市和农村。

那么，究竟什么才是酸雨？它是如何形成的呢？

化学原理

酸雨的成因是一种复杂的大气化学和大气物理的现象。

酸雨中含有多种无机酸和有机酸，绝大部分是硫酸和硝酸。工业生产、民用生活燃烧煤炭排放出来的二氧化硫，燃烧石油以及汽车尾气排放出来的氮氧化物，经过"云内成雨过程"，即水汽凝结在硫酸根、硝酸根等凝结核上，发生液相氧化反应，形成硫酸雨滴和硝酸雨滴；又经过"云下冲刷过程"，即含酸雨滴在下降过程中不断合并吸附、冲刷其

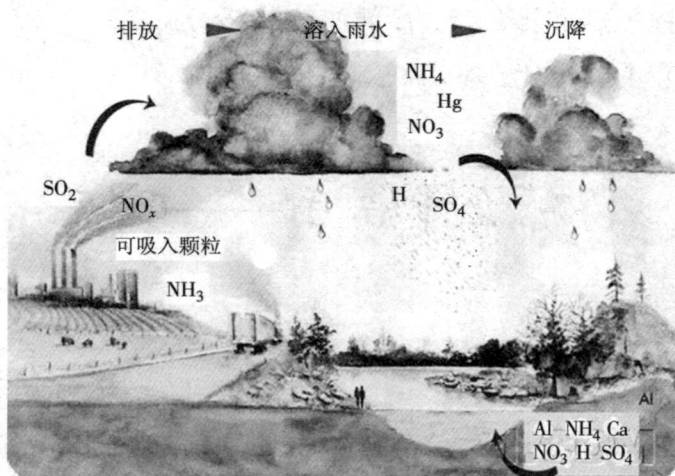

排放　　　溶入雨水　　　沉降

NH₄
Hg
NO₃

SO₂
NOₓ
H　SO₄
可吸入颗粒
NH₃

Al
Al　NH₄　Ca
NO₃　H　SO₄

酸雨的成因

他含酸雨滴和含酸气体，形成较大雨滴，最后降落在地面上，形成了酸雨。

　　在正常情况下，由于大气中含有一定的二氧化碳，降雨时二氧化碳溶解在水中，形成酸性很弱的碳酸，因此正常的雨水呈微酸性，pH 值约为 5.6～5.7。在 1982 年 6 月的国际环境会议上，国际上第一次统一将 pH 值小于 5.6 的降水（包括雨、雪、霜、雾、雹、霰等）正式定为酸雨。酸雨中的酸绝大部分是硫酸和硝酸，主要来源于工业生产和民用生活中燃烧煤炭排放的硫氧化物、燃烧石油及汽车尾气释放的氮氧化物等酸性物质。

延伸阅读

那么酸雨究竟会给人类带来哪些危害呢？

酸雨直接危害的首先是植物。植物对酸雨反应最敏感的器官是叶片，叶片受损后光合作用降低，抗病虫害能力减弱，林木生长缓慢或死亡，农作物减产。1982 年 6 月 18 日重庆因一场酸雨，市郊的 1300 公顷水稻叶片突然枯黄，好像火烤过一样，几天后局部枯死。

被酸雨腐蚀的树木

其次，酸雨可破坏水土环境，引起经济损失，危及生态平衡。当 pH 值降至 5.0 以下时，鱼卵多不能正常孵化，即使孵化，骨骼也常是畸形的；加之河底淤泥中的有毒金属遇酸溶解，更加速了水生生物的死亡。如在瑞典的 9 万个湖泊中，已有 2 万多个遭到酸雨危害，4000 多个成为无鱼湖。美国和加拿大许多湖泊成为死水，鱼类、浮游生物，甚至水草和藻类均一扫而光。

同样，酸雨也使土壤酸化，影响和破坏土壤微生物的数量和群落结构，抑制了土壤中有机物的分解和氮的固定，淋洗与土壤粒子结合的钙、镁、锌等营养元素，使土壤贫瘠化，导致生长在这里的植物逐步退化。正因为这些，酸雨被冠以"空中杀手"等令人诅咒的名字。

另外，酸雨对文物古迹、建筑物、工业设备和通讯电缆等的腐蚀也令人心痛。许多刚落成或装饰一新的建筑在几场酸雨之后变得暗淡无光，如具有 2000 多年历史的雅典古城的大理石建筑和雕塑已千疮百孔，层层剥落。

酸雨还可能危及人体健康。当空气中含 0.8 毫克/升硫酸雾时，就会使人难受而致病。或者是人们饮用酸化的地面水和由土壤渗入金属含量较高的地下水，食用酸化湖泊和河流的鱼类等，一些重金属元素通过食物链逐渐积累进入人体，最终对人体造成危害。

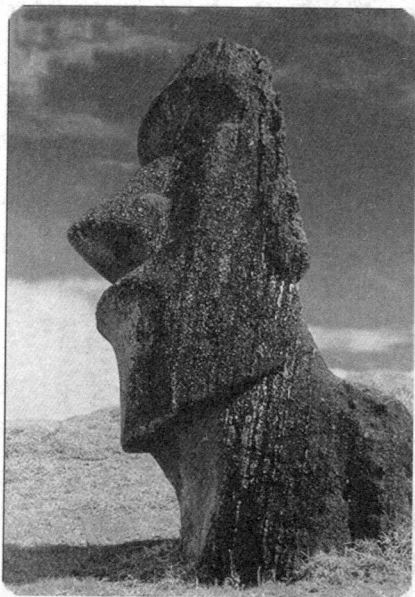

被酸雨腐蚀的雕像

白墙中的金属

你知道吗

在我们周围看似普通的白墙壁上，也隐藏着化学知识。比如用来刷墙的石灰中就住着金属钙，不仅如此，故宫里许多用汉白玉雕成的栏杆，也就是大理石中也有钙的身影。当然，在它们中，钙是以化合物的状态存在着。我们知道石灰石是坚硬的固体，那么它最后是怎么被"制服"而乖乖

地贴在墙上的呢？

故宫的汉白玉栏杆

化学原理

石灰石的化学成分主要是碳酸钙。工业上生产水泥、生石灰等建筑材料所需的石灰石，一般都是从山岭中开采出来的，这正应了古诗《石灰吟》中的那句"千锤万凿出深山"。

石灰

石灰石开采出来后，必须经过高温煅烧才能变成水泥和生石灰。为了早一些时间成为有用之材，它忍住了熊熊烈火的炙烤，真可谓"烈火焚烧若等闲"。

生石灰是一种白色固体，必须让它跟水反应，变成粉末状的熟石灰，才能用它来刷墙。熟石灰能微溶于水，用它的混浊溶液刷完墙壁后，它会跟空气中的二氧化碳反应重新生成坚硬的碳酸钙。碳酸钙是白色的，所以用熟石灰刷过的墙壁十分洁白美观。这也正是诗中所说的"粉身碎骨浑不怕，要留清白在人间"。

延伸阅读

起死回生的湖

据说瑞典中部的霍姆斯乔湖，受酸雨（工厂排出的废气，使雨带酸性）污染，酸度增大，鱼虾全都死去了，整个湖变成了一潭死水。

靠近湖边有一座大型蛋糕厂，每月要扔掉几吨蛋壳，可是苦于无处容纳这么多的废物。有个聪明人建议在那里开通一条水路，让蛋壳顺水流于湖中。人们照办了，结果妙极了。既解决了蛋壳的去处，又使湖水酸度下降，鱼虾重新出现，水草也生长起来，湖中到处都是生机勃勃。

蛋壳为什么能使霍姆期乔湖起死回生呢？原来蛋壳的主要成分是碳酸钙，它会跟酸起反应，消除湖水的酸性。

其实，这个办法跟用石灰石粉消除土壤酸性的道理完全相同。建议中别出心裁地用难以处置的蛋壳去代替石灰石粉，更妙的是开通了一条水路，让蛋壳自己顺水流于湖中，省去了运输的麻烦。

霓虹灯中的化学

你知道吗

夜晚，走在灯火通明的街道上，我们常常会发现，路两边的商店门口装饰着各种各样、五颜六色的霓虹灯，看上去十分漂亮。

可是，霓虹灯为什么会发出各种颜色不同的彩光呢？

霓虹灯

 化学原理

原来，霓虹灯里"住"了几位特殊的"主人"，它们有一种奇特的本领，能使霓虹灯发出各种各样的光来。这几位"主人"就是氖、氩、氦和水银蒸气。氖可以使霓虹灯发出红光，氩可以使它发出浅蓝色的光，氦可以叫它发出淡红色的光，水银蒸气能使它发出绿紫色的光，有时候人们把它们混合在一起装在霓虹灯中，就可以叫它们发出五颜六色的光来。

这里主要介绍前两个。

氖是在 1898 年由英国化学家拉姆塞发现的，它的拉丁文意思是"新"，即氖是一种从空气中发现的新气体。氖是一种十分"懒惰"的气体，它见了谁都"不理不睬"的，平常，人们几乎见不到它的化合物。它是一种无色气体，在空气中的含量很少，每 1 立方米空气只有 18 立方厘米的氖气。在电场的激发下，氖能射出红色的光。霓虹灯就是利用氖的这个特性制成的。在霓虹灯的两端，装着两个用铁、铜、铝或镍制成的电极，灯管里装着氖气。通电时，氖气受到电场的激发，放出红色的光。它的这种红光在空气中的透射力很强，甚至可以穿过浓雾。因此，氖灯常在港口、机场、水陆交通线的灯标上。

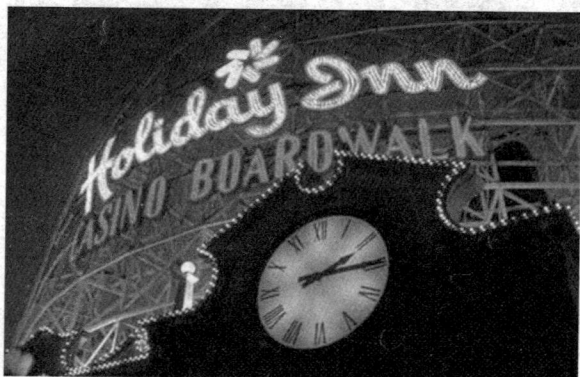

氖气灯

氩气是一种无色气体，密度比空气重 50%，它在空气中的含量将近 1%，虽然不大，但比起别的惰性气体来，却要多得多。除了制造五光十色的霓虹灯外，氩气还用来填充普通的白炽电灯。因为氩气是惰性气体家族中在空气中含量最多的一位成员，比较易得，而且氩分子的运动速度特别小，导热性差，把它装在电灯泡中，可以大大延长灯泡的使用寿命。氩气还是各种金属在焊接时的"保护神"。比如，铝、镁等金属在空气中焊接时，很容易氧化和燃烧，难以焊牢。如果向焊缝表面吹一层氩气，把金属和空气隔开，这样在氩气的安全保护下，它们就很容易焊牢。"原子锅炉"的核燃料钚，在空气中也会迅速氧化，同样需要在氩气的保护下进行机械加工。

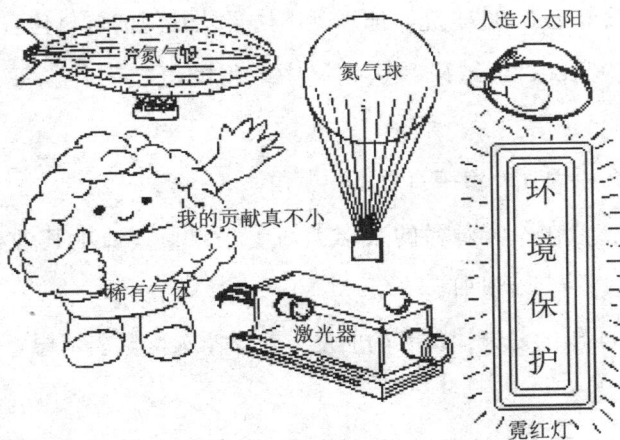

稀有气体的应用

延伸阅读

古时有句成语叫"差之毫厘，谬之千里"，意思是说，开始稍差一点儿，结果却能造成很大的错误。氩气的出世恰好证明了这句成语的准确性。

事情要从1890年说起，当时人们认为，空气是由氮气、氧气、二氧化碳和水蒸气四种气体组成的。然而，英国科学家雷莱在测定氮气密度时却发现了一件怪事：他设法除掉了空气中的氧气、二氧化碳和水蒸气，按理来说剩下的气体都是氮气了。可是，测定下来的结果却是每升氮气重1.2572克。

为了证实这个结果是否可靠，他又从氨气中分离出了氮气，再测定一下，结果竟然是 1.2501 克，比上面测量的结果轻了 0.0071 克。这可真是怪了，分明都是氮气，怎么会出现这么大的误差呢？

雷莱决心重新做这个实验。他异常小心地不放走一个小气泡。结果呢？还是每升相差 0.0071 克。他想，不妨再从其他的含氮化合物中制出氮气来，多实验几次。可结果和从氨气中取得的氮气一样，每升也是相差 0.0071 克。

这是什么原因呢？雷莱百思不得其解。

1892 年，他在一家著名的杂志上写了一封信，征求其他科学家的帮助。然而，他没有收到回信。

到了 1894 年的夏天，雷莱的朋友，化学家莱姆塞表示愿意和他一起探索这个秘密。

他们详细地研究了实验过程，最后莱姆塞想到，也许从空气中分离来的氮气并不纯净，其中含有某种密度大于氮的气体，因而造成了这个微小的误差。

于是，雷莱和莱姆塞分头进行了实验。经过夜以继日的努力，他俩都制得了少量的特殊气体。这种化学性质奇"懒"的气体，他们还是头一回碰到。于是他们就把它取名为"氩"，拉丁文的意思是"懒惰、不活泼"。

虽然误差只有 0.007，可是雷莱和莱姆塞抓住不放，打破砂锅"寻"到底，终于把氩气这个"懒家伙"从空气中"揪"了出来。这 0.007 的误差虽然很小，却说明了 1890 年时人们对空气的认识是十分片面的。这真是"差之毫厘，谬之千里"呀！

令人讨厌的宝贝——烟炱

你知道吗

你知道什么是烟炱吗？住平房的人们常常会在烟囱里、灶膛内、锅底上发现一些黑色粉末，那就是烟炱。化学课本里也叫它炭黑，它是碳家族的一员。

从烟囱里出来的烟炱，到处乱飞，它熏黑了蚊帐，弄脏了人们的衣服，污染了清新的空气。干了这么多坏事，谁还会喜欢它呢？难怪现代工厂的烟囱，大都加了除烟消尘装置。

从烟囱里出来的烟炱

可是你知道吗？如果没有烟炱，人类的精神文明和物质文明又会变成什么样子？

化学原理

我们都知道，写字的墨汁是黑色的，印书的油墨是黑色的，汽车和飞机的轮胎也是黑色的。这种种黑色的东西，里面都有烟炱的成分。

烟炱对于橡胶工业极为重要，90% 左右的烟炱用于橡胶工业。制造一个汽车轮胎，需要好几千克的烟炱。橡胶是一种大分子化合物，分子间的

烟炱是制作轮胎不可或缺的原料之一

空隙很多，加进烟炱主要是为了填充这些空隙，增强橡胶的机械强度，使它有耐拉、耐撕、耐磨等优良性能。如果没有烟炱，世界上就没有字迹经久不衰的书，汽车不能跑长途，飞机也难以起飞。

烟炱如此重要，怎样来生产呢？我国的劳动人民早在1700多年前就懂得用烟炱来制造墨汁。当时所用的烟炱是从烟囱里收集得到的。从烟囱收集烟炱，数量终究有限，满足不了社会发展的需要。后来，我国劳动人民发明了一种特制的窑，让松脂在窑里不完全燃烧，从而得到较大量的烟炱。用松脂来烧取烟炱，使大片松树被砍伐，出现大量荒山，破坏了生态平衡，最后将给人类带来灾难。

幸好在北宋时，我国科学家沈括发现了用燃烧石油的方法来制取大量的烟炱。现代，人们主要是用分解天然气的方法来制取大量的烟炱。在化学家的眼里，世界上没有无用的废物。烟炱也不例外。

延伸阅读

不怕火的石墨

俗话说，真金不怕火炼。其实碳家族中的另一名成员石墨才是更不怕火的东西。金子受热到1337℃就熔化了，而石墨在3500℃还不熔化。石墨在纯氧气里受热能燃烧，变成二氧化碳，但是在空气中，哪怕受到强热，也燃不起来。

石墨

石墨能耐高温，而且容易传热，又能经得住温度的自然升降，所以特别适宜制造坩埚。石墨坩埚常用来熔炼熔点很高的金属。一个石墨坩埚可以熔铜达60次，熔钢10~15次，而普通的耐火泥坩埚，寿命只有石墨坩埚的1/5。

石墨不怕火，你也可以亲自试一试。取铅笔芯一小段（HB铅笔芯含有50%以上的石墨），放在火里长久加热，铅笔芯依然如故，书写起来也跟以前一样。

"石墨不怕火"，这对石墨并不过奖，它是当之无愧的。

为什么灭火器能灭火

你知道吗

一天，消防队接到电话，说有一所房子着火了。消防队员很快赶到了现场，拿出灭火器，对着火焰，然后按动操纵杆，只见一股气泡不断地从灭火器里喷出来，盖在了火焰上，很快大火就被扑灭了。灭火器为什么能灭火呢？

化学原理

原来灭火器里装的是明矾水和碳酸氢钠溶液，还有一些能发生泡沫的物质。起初是分开的，消防队员拉动操纵杆时，它们混合在一起，就发生了化学反应，生成大量的二氧化碳泡沫，二氧化碳既不能燃烧也不能帮助燃烧，它盖在火焰上之后，就把可燃物质与空气隔开了。我们大家都知道，在一般情况下，没有氧气物质是不能燃烧的，所以火就被扑灭了。

用灭火器灭火

延伸阅读

能"呼风唤雨"的干冰

干冰是什么东西呢？它其实就是固态的二氧化碳。二氧化碳气体在加压和降温的条件下，会变成无色液体，再降低温度，会变成雪花般的固体，经过压缩，就会成干冰，它在一个标准大气压下，可以在－78℃时直接变成气体。

干冰为什么会有"呼风唤雨"的本领呢？大家知道，老天不下雨，不是水蒸气没有遇到凝结核，结不成小水点，就是已经凝结的小水点，因为气温太高，没等落到地面，已经蒸发掉了。当飞机把干冰撒在空中，它立即气化，向云层吸取大量的热，使云层冷到－40℃。每克干冰能造成100亿个小冰晶，周围的云雾碰到小冰晶，便以它为中心凝成大水滴，于是就下起雨来。

用干冰进行人工降雨

干冰大事做得了，小事也干得来。当用火车运载鲜鱼时，它就守卫在鲜鱼的旁边，起制冷防腐的作用。干冰外表像冰，可作为防腐剂，它比冰优越得多。干冰熔化时不会像冰那样变成液体，它全部气化，四周干干净净。干冰冷却的温度比冰低得多，而且干冰汽化后产生的二氧化碳气体，能抑制细菌的繁殖生长。干冰有时也蹲在作物的温室里，逐渐挥发出二氧化碳气体，给作物提供光合作用的原料，促进作物开花结果，提高作物的产量。

干冰

玻璃上的花纹

你知道吗

在商场里，经常可以看到刻有花纹图案的精致玻璃工艺品，甚至是家里的浴室、橱柜等上面的玻璃上也有许多美丽的花纹。在化学实验室里，也常常使用刻有精细刻度的玻璃仪器，如温度计、量筒、滴管和吸管等等。玻璃，质硬而且光滑，要像雕刻图章那样在玻璃上刻花纹和刻度是十分困难的。那么这些花纹是如何刻上去的呢？是用笔玻璃还是用锋利的刀？

玻璃工艺品

玻璃量杯

化学原理

将刻有文字或图案、花纹的玻璃，作为装饰品，美观大方。达到这一目的，并不是用什么锋利的工具，而是使用的一种化学药剂——蚀刻剂来腐蚀刻制玻璃。

作为蚀刻剂，长期以来使用的是氢氟酸。作为蚀刻方法，则是将待刻的玻璃，洗净晾干平置，于其上涂布用汽油溶化的石蜡液作为保护层，于固化后的石蜡层上雕刻出所需要的文字或图案。雕刻时，必须雕透石蜡层，使玻璃露出。然后，将氢氟酸滴于露出玻璃的文字或图案上。根据所需花纹的深浅，控制腐蚀时间经过一定时间之后，用温水洗去石蜡和氢氟酸，即可制得具有美丽花纹的玻璃。

延伸阅读

用氢氟酸雕刻玻璃的方法虽然沿用已久，但是由于汽油、氢氟酸的挥发，污染严重；需要保护层，操作复杂。近年来，不少工厂已经采用蚀刻的方法雕刻玻璃上的花纹。本蚀刻玻璃是用以氟化铵为有效成分的蚀刻剂蚀刻而成，蚀刻过程不需保护层，污染少，操作易。它还具有以下特点：（1）使用特制的以氟化铵为有效成分的蚀刻剂，污染少，操作环境有较大改善。（2）不需保护层，既可节约石蜡和汽油，又可减少制造工序，提高功效。（3）使用的蚀刻剂，原料易得，配制简单，使用方便。（4）与以往相比，制得的蚀刻玻璃，质量好，成本低。用本蚀刻的玻璃，可用做商店字号、家庭牌匾、装饰用品以及单位奖状等等，蚀刻的玻璃器皿，宜用做工艺品、日用器皿，供装饰和日用等。

臭氧层空洞

你知道吗

臭氧（O_3）广泛存在于大气之中，从地面到 70 千米的高空都有分布，在大约 20 千米高的大气中最为密集。这一区域的臭氧几乎环绕整个地球，因此被称做臭氧层。

由于污染严重，臭氧层出现了许多空洞，不过臭氧层空洞并不是一个真实的洞，而是在一层浓密的臭氧层上出现了一处极为稀薄，甚至无法构成臭氧层的区域。在这一区域仍有臭

包围着地球的臭氧层

氧分子存在，只是密度很小。臭氧层空洞严重影响着对应区域地面和水下的生物，包括人类的健康和繁衍，这一现象目前以南极洲地区最为严重。如今这一问题已受到世界各国的普遍关注，人们正在研究和采取各种方式弥补和改善臭氧层空洞现象。那么臭氧层空洞是如何形成的呢？

化学原理

在高层大气中（高度范围约离地面 15 ~ 24 千米），由氧吸收太阳紫外线辐射而生成可观量的臭氧（O_3）。光子首先将氧分子分解成氧原子，氧原子与氧分子反应生成臭氧：

$$O_2 \longrightarrow 2O$$

$$O + O_2 \longrightarrow O_3$$

O_3 和 O_2 属于同素异形体，在通常的温度和压力条件下，两者都是气体。

当 O_3 的浓度在大气中达到最大值时，就形成厚度约 20 千米的臭氧层。臭氧能吸收波长在 220 ~ 330 纳米范围内的紫外光，从而防止这种高能紫外线对地球上生物的伤害。

过去人类的活动尚未达到平流层（海拔约 30 千米）的高度，而臭氧层主要分布在距地面 20 ~ 25 千米的大气层中，所以未受到重视。近年来不断测量的结果已证实臭氧层已经开始变薄，乃至出现空洞。1985 年，发现南极上方出现了面积与美国大陆相近的臭氧层空洞，1989 年又发现北极上空正在形成的另一个臭氧层空洞。此后发现空洞并非固定在一个区域内，而是每年在移动，且面积不断扩大。臭氧层变

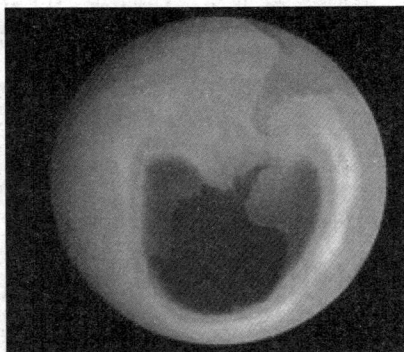

南极上空的臭氧空洞

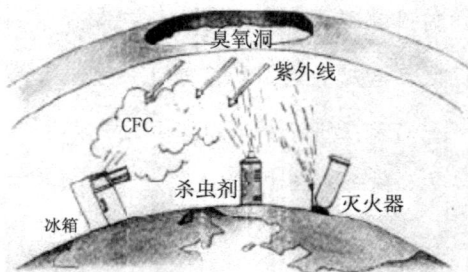

臭氧洞
紫外线
CFC
杀虫剂
冰箱
灭火器

一旦臭氧洞形成，紫外线就会通过臭氧洞，
长驱直入照射到地表

薄和出现空洞，就意味着有更多的紫外辐射线到达地面。紫外线对生物具有破坏性，对人的皮肤、眼睛，甚至免疫系统都会造成伤害，强烈的紫外线还会影响鱼虾类和其他水生生物的正常生存，乃至造成某些生物灭绝，会严重阻碍各种农作物和树木的正常生长，又会使由 CO_2 量增加而导致的温室效应加剧。

人类活动产生的微量气体，如氮氧化物和氟氯烷等，对大气中臭氧的含量有很大的影响。引起臭氧层被破坏的原因有多种解释，其中公认的原因之一是氟利昂（氟氯甲烷类化合物）的大量使用。氟利昂被广泛应用于制冷系统、发泡剂、洗净剂、杀虫剂、除臭剂、头发喷雾剂等。氟利昂化学性质稳定，易挥发，不溶于水。但进入大气平流层后，受紫外线辐射而分解产生 Cl 原子，Cl 原子则可引发破坏 O_3 循环的反应：

$$Cl + O_3 \longrightarrow ClO + O_2$$

$$ClO + O \longrightarrow ClO_2$$

由第一个反应消耗掉的 Cl 原子，在第二个反应中又重新产生，又可以和另外一个 O_3 起反应，因此每一个 Cl 原子能参与大量的破坏 O_3 的反应，这两个反应加起来的总反应是：

$$O_3 + O \longrightarrow 2O_2$$

反应的最后结果是将 O_3 转变为 O_2，而 Cl 原子本身只作为催化剂，反复起分解 O_3 的作用。O_3 就被来自氟利昂分子释放出的 Cl 原子引发的反应而破坏。

另外，大型喷气机的尾气和核爆炸烟尘的释放高度均能达到平流层，其

中含有各种可与 O_3 作用的污染物，如 NO 和某些自由基等。人口的增长和氮肥的大量生产等也可以危害到臭氧层。在氮肥的生产中去向大气释放出各种氮的化合物，其中一部分可能是有害的氧化亚氮（N_2O），它会引发下列反应：

$$N_2O + O \longrightarrow N_2 + O_2$$

$$N_2 + O_2 \longrightarrow 2NO$$

$$NO + O_3 \longrightarrow NO_2 + O_2$$

$$NO_2 + O \longrightarrow NO + O_2$$

$$O_3 + O \longrightarrow 2O_2$$

NO 按后两个反应式循环反应，使 O_3 分解。

延伸阅读

氧层的破坏造成的危害主要表现在下列几个方面：

1. 对人类健康的影响

紫外线对促进在皮肤上合成维生素 D，对骨组织的生成、保护均起有益作用。但紫外线（$\lambda = 200 \sim 400$ 纳米）中的紫外线 B（$\lambda = 280 \sim 320$ 纳米）过量照射可以引起皮肤癌和免疫系统及白内障等眼的疾病。据估计，平流层 O_3 减少 1%（即紫外线 B 增加 2%），皮肤癌的发病率将增加 4% ~ 6%。按现在全世界每年大约有 10 万人死于皮肤癌计，死于皮肤癌的人每年大约要增加 5000 人。在长期受太阳照射地区的浅色皮肤人群中，50% 以上的皮肤病是阳光诱发的，即肤色浅的人比其他种族的人更容易患各种由阳光诱发的皮肤癌。此外，紫外线还会使皮肤过早老化。

2. 对植物的影响

近 10 多年来，科学家对 200 多个品种的植物进行了增加紫外线照射的实验，发现其中 2/3 的植物显示出敏感性。试验中有 90% 的植物是农作物品种，其中豌豆、大豆等豆类，南瓜等瓜类，西红柿以及白菜科等农作物对紫外线特别敏感（花生和小麦等植物有较好的抵御能力）。一般说来，秧苗比有营养机能的组织（如叶片）更敏感。紫外辐射会使植物叶片变小，因而减少捕获阳光进行光合作用的有

臭氧空洞对地球的影响

效面积，生成率下降。对大豆的初步研究表明，紫外辐射会使其更易受杂草和病虫害的损害，产量降低。同时紫外线 B 可改变某些植物的再生能力及收获产物的质量，这种变化的长期生物学意义（尤其是遗传基因的变化）是相当深远的。

3. 对水生系统的影响

紫外线 B 的增加，对水生系统也有潜在的危险。水生植物大多贴近水面生长，这些处于海洋生态食物链最底部的小型浮游植物的光合作用最容易被削弱（约 60%），从而危及整个生态系统。增强的紫外线 B 还可通过消灭水中微生物而导致淡水生态系统发生变化，并因此而减弱了水体的自然净化作用。增强的紫外线 B 还可杀死幼鱼、小虾和蟹。研究表明，在 O_3 量减少 9% 的情况下，约有 8% 的幼鱼死亡。

4. 对其他方面的影响

过多的紫外线会加速塑料老化，增加城市光化学烟雾。另外，氟利昂、CH_4、N_2O 等引起臭氧层破坏的痕量气体的增加，也会引起温室效应。

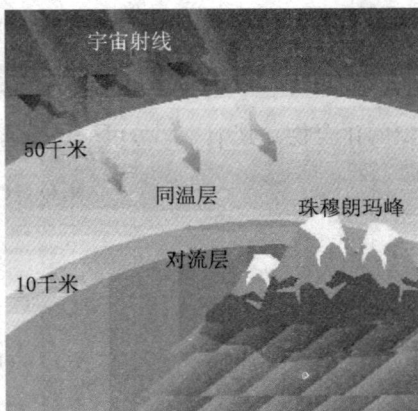

化学伴我们出行

公路沿线的化学物质

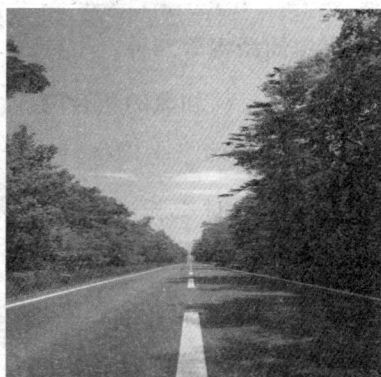

道路两旁

你知道吗

连接城市、乡村和工矿基地之间，主要供汽车行驶并具备一定技术标准和设施的道路称为公路。

"公路"一词其实是近代说法，古文中并不存在，"公路"是以其公共交通之路得名；外国人叫它"road"。

公路的修建也有个不断提高技术和更新建筑材料的过程。最早当然是土路，它易建但是也易坏，雨水多些，车马多些，便凹凸不平甚至毁坏了。欧洲较早出现了碎石路，这比土路进了一大进，再后出现了砖块路。

在碎石上铺浇沥青是公路史上一大突破，这是近代的事了。那么公路和化学有什么关系呢？

化学原理

我们知道，沥青是铺设公路的主要用料之一。它是煤和石油的提炼物，不溶于水，不溶于丙酮、乙醚、稀乙醇，溶于二硫化碳、四氯化碳等，且是一种棕黑色有机胶凝状物质，包括天然沥青、石油沥青、页岩沥青和煤焦油沥青等四种。主要成分是沥青质和树脂，其次有高沸点矿物油和少量的氧、硫和氯的化合物。有光泽，呈液体、半固体或固体状态，低温时质脆，黏结性和防腐性能良好。

虽然沥青是十分重要的铺路材料。但是如果不善加利用，就会造成巨大危害。四种沥青中以煤焦油沥青危害最大。在

沥青

电极焙烧炉制作中要排出大量的沥青烟。由于沥青中含有荧光物质，其中含致癌物质3，4 - 苯并芘高达2.5% ~3.5%，高温处理时随烟气一起挥发出来。沥青烟气是黄色的气体，其中试焦油细雾粒。经测定电极焙挠炉排出的沥青烟气中含3，4 - 苯并芘为1.3 ~2 毫克/立方米。

除了沥青，大量各种看不见的化学物质会沿公路积聚。车辆、道路养护和道路自身使得这些物质混杂在一起。含量较低时，这些物质和那些由

自然界以有益化学方式提供的化学物质是一样的。但含量过高时，也就是其含量达到了人类社会所不希望看到的程度时，这些多余的化学物质就变成了污染物或者致污物。

道路沿线聚积起来的化学物质一部分是通过空气短距离传送的，但大部分是由雨水冲刷道路（或是过道路渗漏）积聚而成的。

这些道路沿线新增化学物质影响的不仅仅是水，这些物质还会在土壤、植物及动物体内富集，导致一连串的对整个陆地生态系统的影响。

延伸阅读

公路和道路的区别

道路是供各种车辆（无轨）和行人通行的工程设施。按其使用特点分为城市道路、公路、厂矿道路、林区道路及乡村道路等。

公路按行政等级则可分为国家公路、省公路、县公路和乡公路（简称为国、省、乡道）以及专用公路五个等级。一般把国道和省道称为干线，把县道和乡道称为支线。

国道是指具有全国性政治、经济意义的主要干线公路，包括重要的国际公路，国防公路、连接首都与各省、自治区、直辖市首府的公路，连接各大经济中心、港站枢纽、商品生产基地和战略要地的公路。

省道是指具有全省（自治区、直辖市）政治、经济意义，并由省（自治区、直辖市）公路主管部门负责修建、养护和管理的公路干线。

县道是指具有全县（县级市）政治、经济意义，连接县城和县内主要乡（镇）、主要商品生产和集散地的公路，以及不属于国道、省道的县际间公路。

乡道是指主要为乡（镇）村经济、文化、行政服务的公路，以及不属于县道以上公路的乡与乡之间及乡与外部联络的公路。

专用公路是指专供或主要供厂矿、林区、农场、油田、旅游区、军事要地等与外部联系的公路。

为什么轮船的吃水部位有许多锌块

你知道吗

轮船是我们水路出行时最重要的交通工具，有心的同学在乘坐轮船出行时也许会发现，在轮船的吃水部位有很多锌块，这是用来干什么的呢？难道这里面也包含着深奥的化学知识吗？

轮船

化学原理

原来，海水中含杂质较多，且不活泼，轮船在海水中航行，海水会与轮船形成原电池，发生电化学腐蚀。

电化学腐蚀是指金属材料与电解质溶液接触，通过电极反应产生的腐蚀。电化学腐蚀反应是一种氧化还原反应。在反应中，金属失去电子而被氧化，其反应过程称为阳极反应过程，反应产物是进入介质中的金属离子或覆盖在金属表面上的金属氧化物（或金属难溶盐）；介质中的物质从金属表面获得电子而被还原，其反应过程称为阴极反应过程。在阴极反应过程中，获得电子而被还原的物质习惯上称为去极化剂。

运用原电池的电化学原理，消除引起金属发生电化学腐蚀的原电池反应，使金属得到防护，这种金属防护法叫做电化学防护。

电化学防护分阳极防护和阴极防护两大类。阳极防护是把被保护的金属作阳极，在一定外加电压范围内进行阳极钝化，使它的表面由化学状态转为钝化状态，从而阻滞金属在某些酸、碱或盐中被腐蚀。阴极防护是把被保护的金属作为阴极，方法有以下两种：

（1）外加电流的阴极防护法。用一个不溶性电极作辅助阳极，跟阴极一道放到电解质溶液里。当接通外加直流电源后，大量电子强制流向被保护的金属阴极（例如钢铁设备），并在阴极积累起来。这样就避免或抑制钢铁发生失去电子的氧化作用，从而被保护。

（2）牺牲阳极的阴极保护法。用比铁还原性更强的金属（如锌）或合金跟钢铁制品连接。当发生电化腐蚀时，这种活泼金属就作为微电池的负极而被腐蚀，钢铁设备得到保护。

在轮船尾部和船壳吃水线下部装上一定数量锌块，就属于这种保护法。

延伸阅读

大海中的化学资源

大海蕴含着丰富的化学资源。尝过海水的人都知道，海水又咸又苦。这是什么原因呢？原来海水里溶解了大量的气体物质和各种盐类。如果我们分别盛一盆自来水和一盆海水，放在太阳下把它们晒干，就会发现，自来水晒干了，没剩下什么东西，海水晒干了，盆底上却留下一层白花花的盐。当然海盐并不是指我们每天食用的盐，它含有许多化学物质。食盐又称氯化钠，是海水里的主要成分。另外还有一种非常苦的物质，叫做氯化镁。海水里因为有了氯化钠和氯化镁这两种基本的化合物，就变得又咸又苦。除此之外，海水里还含有很多其他物质。

海水中蕴含许多化学元素

现在，人们在陆地上发现了 100 多种化学元素，其中有相当数量的已在海水中找到。科学家们预言，海洋面积比陆地面积大得多，海洋中蕴藏的化学物质一定比陆地还要多。

科学家们计算，在 1 立方千米的海水中，有 2700 多万吨氯化钠，320 万吨氯化镁，220 万吨碳酸镁，120 万吨硫酸镁。如果把海水中的所有盐分全部提取出来，平铺在陆地上，那么陆地的高度可以增加 150 米。假如海水全部被蒸干了，那么在海底将会堆积 60 米厚的盐层，盐的体积有 2200 多万立方千米，用它把北冰洋填成平地还绰绰有余。

海水中有的元素尽管含量很微小，但是由于海水量很大，所以总的储量却相当可观。比如海水中含有的黄金，每升水中仅含有 0.000004 毫升，但是，海水中金的总储量却有 600 万吨。如果把海水中的金全部提取出来，那么黄金就和现在的铝一样，变得非常平凡了。与海水中的元素储量相比，人类从海水中提取的金属量是很少很少的。就拿现在世界上从海水中提取量最大的金属镁来说，每年的产量还不到 1 立方千米的海水中储量的 1/10。钠、钙、钾的产量只不过是海水总储量的三亿分之一。

塑料飞机即将起航

你知道吗

塑料，是用树脂等高分子化合物与配料混合，再经加热加压而形成的具有一定形状的材料。塑料在生活中应用十分广泛，比如轻便、耐磨的塑料袋，保持食物新鲜的保鲜膜，等等。但你想到过乘坐半塑料甚至全塑料的飞机飞上蓝天吗？

波音787"梦幻客机"是半塑料的

化学原理

我们说的飞机并不是供小朋友玩的玩具飞机，当然用来制造飞机的塑料也不是普通的塑料，而是一种特殊的复合塑料。

航空制造所用复合塑料是一种聚合体树脂制成的矩阵结构，由耐热性能良好的增强型碳素纤维层或者玻璃纤维层胶合而成，再利用熔炉打造成所需要的形状，以适应不同零部件所承受的压力。目前的新型复合塑料重量只有铝合金的50%，但强度却比铝合金高出20%，而且绝缘性能好，抗腐蚀能力要比一般的金属材料高。用其替代部分金属制造航空零部件，不但生产成本低，还可减轻飞机重量，降低耗油，提高飞行的航程和航速，改善飞机的飞行性能。

对于金属材料而言，如果压力达到其最高可承受压力的10%，疲劳裂纹就会出现，不过这种裂纹的增大过程比较缓慢。复合塑料正好与之相

反，只有当压力达到最高可承受压力的 60% ~70% 时才可能出现疲劳裂纹，但是一旦裂纹出现，也就意味着这一零部件必须马上更换，否则就可能酿成大祸。目前，工程技术人员可以借助超声波或者热感应器等来确定复合塑料结构的损坏情况。前不久，加拿大研究人员发明了一种激光检测技术。利用这种检测系统，无需拆除零部件就能检测整个飞机的复合框架。

复合塑料被用于航空零部件的制造已很普遍。美国、日本、意大利等国共同开发的大型客机上，各种塑料用量约占整个飞机重量的 40%，可以节省燃油 25% 以上。印度班加罗尔航空实验所研制成的小型塑料飞机，总重量只有 600 千克，飞行速度每小时 350 千米，可以连续飞行 2700 千米。波音公司于 2008 年推出了半塑料机身的 787 "梦幻客机"，而全塑料机身的波音 787 正在加紧研制当中。

延伸阅读

材料中的绿色家族

目前，全球的塑料年产量为 1.5 亿吨。由于废弃塑料非常难以分解处理，形成令人十分头疼的"白色污染"。除造成污染外，普通工业塑料的生产还受到石油储量的制约。为此，科学家一直在寻找用石油的替代品来制造绿色塑料的方法。美国、日本和英国等国家已经在这一方面取得了可喜的成果，有的已经开始投入商业性生产。

生物塑料无论从触感还是硬度上都与以石油为原料制成的普通塑料没有什么区别，但用聚乳酸分子制成的生物塑料，很容易被微生物分解，因而不会对生态环境造成破坏。2001年，美国开设了使用玉米淀粉生产聚乳酸的工厂，以此制成生物塑料，年产量达14万吨。

玉米塑料是由乳酸菌发酵玉米粉产生高纯度的L－乳酸，再经过化学聚合形成的高分子乳酸聚合体。玉米塑料神通广大，它可用来制造出生物降解发泡材料，它的强度、压缩应力、缓冲性、耐药性等均与苯乙烯塑料相同。玉米塑料可制成农用地膜，用毕可制成堆肥，既可肥田还能进一步在土壤中自然分解为二氧化碳和水，不会对环境造成污染。玉米塑料还可被加工成生物降解纺织纤维，具有极好的手感，更好的吸湿性、悬垂性和回弹性，被广泛地应用于非织造布、地毯和家庭装饰业。在医药领域，玉米塑料可制成骨钉、骨片、骨针和手术缝合线，在起到一定的固定治疗作用后，自行在体内分解消化，解除病人多次手术的痛苦；通过控制玉米塑料的聚合度，可制成缓释包裹材料，用做药物和固体保健食品的包裹胶囊等。

玉米塑料圆珠笔

汽车的利与弊

你知道吗

今天，汽车已经成为人类不可缺少的交通运输工具。自从1886年第一

辆汽车诞生以来，它给人们的生活和工作带来了极大的便利，同时也已经发展成为近现代物质文明的支柱之一。但是，我们也应该看到，在汽车产业高速发展、汽车产量和保有量不断增加的同时，汽车也带来了大气污染，即汽车尾气污染。

1943年，在美国加利福尼亚州的洛杉矶市，250万辆汽车每天燃烧掉1100吨汽油。汽油燃烧后产生的碳氢化合物等在太阳紫外光线照射下发生化学反应，形成浅蓝色烟雾，使该市大多市民患了眼红、头疼病。后来人们称这种污染为光化学烟雾。1955年和1970年洛杉矶又两度发生光化学烟雾事件，前者有400多人因五官中毒、呼吸衰竭而死亡，后者使全市3/4的人患病。这就是在历史上被称为"世界八大公害"和"20世纪十大环境公害"之一的洛杉矶光化学烟雾事件。也正是这些事件使人们深刻认识到了汽车尾气的危害性。

洛杉矶光化学烟雾

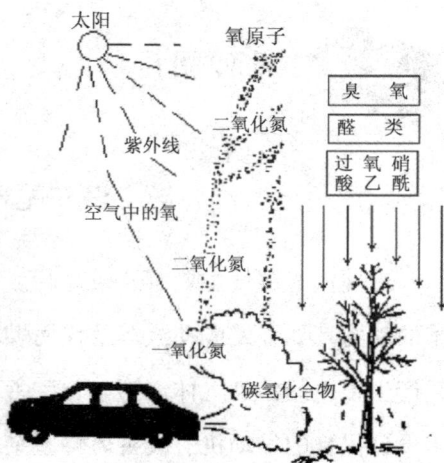

光化学烟雾的成因及危害示意图

化学原理

汽油主要由碳和氢组成，汽油正常燃烧时生成二氧化碳、水蒸气和过量的氧等物质。但由于燃料中含有其他杂质和添加剂，且燃料常常不能完全燃烧，常排出一些有害物质。研究表明，汽车尾气成分非常复杂，有100种以上，其主要污染物包括一氧化碳、碳氢化合物和氮氧化合物。一氧化碳会阻碍人体的血液吸收和氧气输送，影响人体造血机能，随时可能诱发心绞痛、冠心病等疾病。碳氢化合物会形成毒性很强的光化学烟雾，伤害人体，并会产生致癌物质。产生的白色烟雾对家畜、水果及橡胶制品和建筑物均有损坏。氮氧化合物使人中毒比一氧化碳还强，它损坏人的眼镜和肺，并形成光化学烟雾，是产生酸雨的主要物质，可使植物由绿色变为褐色直至大面积死亡。

延伸阅读

汽车尾气的治理

治理汽车尾气主要有三条途径。第一，最根本和最终的途径是改变汽车的动力。如开发电动汽车及代用燃料汽车。此途径使汽车根本不产生或只产生很少的污染气体。第二，改善现有的汽车动力装置和燃油质量。采用设计优良的发动机、改善燃烧室结构、采用新材料、提高燃油质量等都能使汽车排气污染减少，但是不能达到"零排放"。第三，目前广泛采用的适用于大量在用车和新车的净化技术，是采用一些先进的机外净化技术对汽车产生的废气进行净化以减少污染，此途径也不能达到"零污染"。

机外净化技术就是在汽车的排气系统中安装各种净化装置，采用物理的、化学的方法减少排气中的污染物。可分为催化器、热反应器和过滤收集器等两类。前者多用于汽油机汽车，后者多用于柴油机汽车。

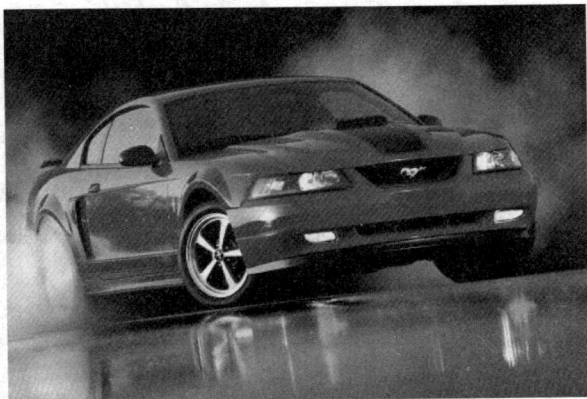

汽车给人们带来便捷的同时也带来了污染

三元催化转化器技术是目前应用最多的净化技术。当发动机工作时，尾气经排气管进入催化器，其中氮氧化物与尾气中的一氧化碳、氢气等还原剂在催化作用下分解成氮气和氧气；而碳氢化合物和一氧化碳分别与废气中残存的氧气及前一反应生成的氧气在催化作用下充分氧化，生成二氧化碳和水蒸气。由于三元催化器中催化剂是蜂窝结构，蜂窝表面涂有催化材料，与废气的接触表面积非常大，所以其净化效率很高。经测试，当发动机的空燃比，也就是空气和燃料的比例，处在接近理论空燃比附近时，三元催化剂可将90%的碳氢化合物和一氧化碳及70%的氮氧化物同时净化掉。因为可以同时净化三种污染物，因此这种催化器被称为三元催化转化器。

催化剂可以安装于消声器中组成净化消声器，也可以在消声器后安装净化器。从1957年美国人伯莱特首先研究成功净化汽车排气的球形催化剂至今，汽车净化催化剂已走过40余年的历程。铂、铑、钯等贵金属对于汽车排气有着优良的催化活性，因此，它们被首选为催化剂材料。然而贵金属催化剂对发动机和汽油均有较高要求，且贵金属储量少，成本高，限制了它们的广泛应用。于是，非贵金属催化剂特别是稀土催化剂逐渐被开发出来。在贵金属催化剂中加入有可变价态的稀土元素氧化物可明显改善催化性能。世界稀土资源丰富，据统计，总量有8400多万吨，而我国是稀土资源大国，一旦采用稀土的催化净化器投入生产，就会使催化器的价格大幅下降同时也为我国汽车工业迎接国际竞争提供了有利条件。

骆驼在沙漠中生存的秘密

你知道吗

我们知道，如果要去沙漠，最好的交通工具莫过于骆驼了。因为骆驼都有驼峰，当干季来临、缺少食物时，骆驼就靠从驼峰里吸收脂肪来维持生命。它的脚又肥又大，脚下有垫，适于在沙上行走；鼻子可以开闭，适合抵抗风沙的侵袭；它的眼睛构造也可以避免刺眼的太阳光照。所以，它就能在沙漠中生活自如。

沙漠风光

那么骆驼是如何在干燥炎热的沙漠中惜水如金的呢?

沙漠中的骆驼

化学原理

骆驼之所以能够长时间行走于沙漠之中,关键在于它的身体结构发生了与其他动物迥然不同的改变,以适应沙漠工区的生活,且它的排水量远远低于人类。

骆驼在得到水的时候并不过量饮水,或者说,它们饮进的水只是用于满足和缓解当时的脱水,把体液恢复到正常的容量水平。由此看来,骆驼在不进水的条件下,维持生命活动所需水分是来自于体液的减少。正常体液的容量减去最大限度脱水时的体液容量,就是骆驼的体液系统所能提供的水分最大量。骆驼在夏季沙漠中可以忍受体重损失25%～30%的脱水,对一个体重为500千克的骆驼来说,就意味着125～150千克的水分损失,反过来讲,也就是一个500千克骆驼有125～150千克的水分"贮备"。这显然要比人们想象中的驼峰和水囊的贮水功能要大得多,具有真正"贮水器"的应该是骆驼的体液系统,而不是骆峰或水囊。

与骆驼的高度耐脱水相适应，在骆驼的血液中有一种特殊的高浓缩的蛋白质，这种蛋白质具有很强的保水能力，在骆驼极度失水的情况下，这种血浆蛋白仍能维持血液中的水分，保证血液循环的正常运行，保证体核向体表的热扩散，增加了高温脱水状态下的存活力。

延伸阅读

骆驼体内有专门的贮水器?

经解剖证实，驼峰中贮存的是沉积脂肪，不是一个水袋。而脂肪被氧化后产生的代谢水可供骆驼生命活动的需要。因此有人认为，驼峰实际存贮的是"固态水"。经测定，1克脂肪氧化后产生1.1克的代谢水，一个45千克的驼峰就相当于50千克的代谢水。但事实上脂肪的代谢不能缺少氧气的参与，而在摄入氧气的呼吸过程中，从肺部失水与脂肪代谢水不相上下。这一事实说明，骆驼峰根本就起不到固态水贮存器的作用，而只是一个巨大的能量贮存库，它为骆驼在沙漠中长途跋涉提供了能量消耗的物质保障。

骆驼的身体结构很适合在沙漠中生存

除此之外，骆驼的瘤胃被肌肉块分割成若干个盲囊即所谓的"水囊"。有人认为骆驼一次性饮水后胃中贮存了许多水才不会感到口渴。而实际上那些水囊，只能保存5~6升水，而且其中混杂着发酵饲料，呈一种黏稠的绿色汁液。这些绿汁中含盐分的浓度和血液大致相同，骆驼很难利用其胃里的水。而且水囊并不能有效地与瘤胃中的其他部分分开，也因为太小不能构成确有实效的贮水器。从解剖观察，除了驼峰和胃以外，再没有可供贮水的专门器官。因此可断定，骆驼没有贮水器。

自行车中的化学知识

你知道吗

　　自行车，又称脚踏车或单车，方便快捷，是绿色环保的交通工具。在20世纪七八十年代，它几乎是人们短途出行的唯一交通工具。千万别小看了这小小的自行车，它的身上也隐藏着不少化学知识。

铬钼钢车架的自行车

新型钛车架山地自行车

化学原理

　　如果对自行车的历史稍加研究，就会发现用来制作自行车车架的材料一直在更新换代。

铬钼钢车架 20世纪90年代以前，自行车车架以铬钼钢制的为主流。它的扭曲性能及拉伸性能好，焊接时高温也不会影响素材，价格便宜。但重量重，容易被氧化。近年来出现克服了它的缺点，发挥优点的新素材，铬钼钢车架再次受到注目。

碳纤车架 轻，而且能吸收地面的冲击、素材的反拨力快等，是理想的自行车车架素材。碳纤维的等级，吨数越高弹性也越高，价格也贵。制造方法有几种，例如在模具上沾上黏合剂，重叠碳纤维，热处理、凝固、成型等。

钛车架 钛的比重比钢轻55%，不容易氧化。为了提高拉伸强度，有混合铝、钒等的钛合金。焊接要在真空中进行等加工复杂，车架价格贵。

铝制车架 铝合金制的车架轻而刚性强。经过特殊加工1个车架的重量只有1千克重。铝管道趋向大口径化，为了缓和过强的刚性，目前座管及车叉采用吸收冲击力强的碳纤等受人注目。

延伸阅读

骑车技术要点

骑自行车进行旅游特别是长途旅游时，掌握好自行车技术是很重要的，目的是为了节省体力，保证安全。

自行车车座的调整，是自行车技术的一个重要方面。自行车车座应调整到什么高度为最佳呢？一般说来，以车座较低并有5~10度的后倾最便于长途旅游。因为低车座好处很多：一是低车座蹬车灵活，可用脚的不同部位轮流用力，这样可使脚的各种肌肉轮流休息，延长耐久长；二是车座低，人的位置相对降低，可减少空气阻力，也便于伏在车把上，改进空气流张；三是车座低，微后倾，可使身体挺直，臀部受力均匀，减少疲劳感，同时又可减轻双臂的负担，保护手腕；四是车座低于有利于安全，在遇到紧急情况时，双腿伸直便可着地，这样可避免造成危险。因此，旅游时对车座的调整，应以低车座为最佳，这对保持体力、速度、耐力都有很大的好处。

此外，自行车旅游选择好适当的速度也是非常重要的。一般来讲，普通自行车，在体力正常、道路平坦等条件下的长途旅游，速度应何持在15千米/小时左右，体力好的可加快到20千米/小时。自行车旅游贵在保持速度，选择适当的速度，切忌忽快忽慢，有劲拼命骑，没劲步步停的现象。途中休息也可保持每2～3小时一次，不要想停就停，应坚持到时间或预定地点再休息。在特殊的道路条件下行车，适当地掌握行车速度更为重要。无论是山间小路，还是又长又陡的下坡道，车速度既不可太快，也不可太慢，应因地制宜选择速度。

宇航服中的化学知识

你知道吗

1965年3月18日，苏联发射了载有宇航员别列亚耶夫·阿里克谢·列昂诺夫的"上升"2号飞船。飞行中，列昂诺夫进行了世界航天史上第一次太空行走，他离开"上升"2号飞船密封舱，系着安全带实现了到茫茫太空中行走。

列昂诺夫开创了人类太空行走的先例。要知道，他身上穿着的宇航服虽然看起来笨拙难看，但它却是一种高科技产品，凝聚了许多科学家的心血。

身穿宇航服的列昂诺夫

化学原理

列昂诺夫穿的是一种新型宇宙服，内衣是由通心粉状的管子盘成的，管子总长100米。管内流过的冷水能吸去航天员身上散发的热量，并排放到宇宙空间去。在这种内衣外再罩上一层一层外套，套上同样多层的手套，穿上金属网眼靴子，戴上增强树脂盔帽，就能保证到密封舱外安全活动了。

太空处于真空状态，没有大气层的保护，温度变化很大，太阳照射时温度可高于100℃，无阳光时温度可低于-200℃，同时存在各种能伤害人体的辐射。为保障航天员在出舱活动中能安全、健康和有效地完成任务，需要有各种装备。

舱外航天服则是航天员在出舱活动中最重要的装备，相当于一个微型航天器。它将航天员的身体与太空的恶劣环境隔开，并向航天员提供大气压力和氧气等维持生命所需的各种条件。由于宇宙飞船、空间站、航天飞机这些载人航天器密闭舱内的人造气压、空气组成基本与地面相同，因此人体内吸有一定量的氮气，而航天服内的气压较低，仅为大气压的27.5%，航天员如果猛然出舱，遇到低气压后血液供应不上，溶解在脂肪组织中的氮气游离出来却不能通过血液带到肺部排出而形成气泡，可能造成气栓堵塞血管，引发严重疾病。所以航天员出舱前需要吸取纯氧将体内氮气排出，以排除隐患。

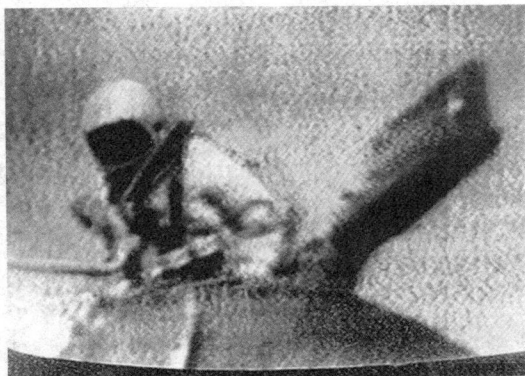

列昂诺夫身着宇航服出舱瞬间

每个人都会呼出二氧化碳，航天员也不例外。在航天服这个密封的空间中，如不除去二氧化碳，那它的浓度会上升至危险程度，令宇航员死亡。空气首先会进入一个装有木炭的盒子除去臭气，接着便会进入过滤二氧化碳的部分，随后，经过一个风扇，在纯化器被除去水蒸气后再回到水冷系统。空气的气温维持在 12.8℃，航天服上的转换装置可提供长达 7 小时的氧气供应及二氧化碳的去除。

为了应付极端变化的温度，大多数航天服都会用许多层纤维去隔热，并再用能够反射光的布料覆盖着最外层。在呼吸作用中，每个人都会产生热，因此每当宇航员在进行工作时都会产生大量的热。如果这些热不除去，皮肤便会产生大量汗水并覆盖着头盔，宇航员会因此严重地脱水。

航天服里有风扇或水冷式的布料去除过量的热。还有一件由一系列的尼龙及弹性人造纤维并由胶管交织成的"长内衣"。由航天服背部或经由管道从太空穿梭机中送出的冷水会流过这些胶管除去宇航员制造的过量的热。

延伸阅读

自从载人航天出现以来，宇航员已实现了近百次太空行走。但在 1984 年以前的 60 多次太空行走中，宇航员不仅必须穿上特制的宇宙服，而且还要使用安全带和供给氧、电的"脐带"与航天器连接在一起，以防在太空中飘走。

1965 年 6 月 3 日，美国发射载有航天员麦克迪维特上尉和怀特上尉的"双子星座"4 号飞船，绕地球飞行 62 圈。怀特到舱外行走 21 分钟，用喷气装置使自己在太空中机动飞行。这是美国第一次太空行走。怀特乘坐的是双子星座 4 号飞船，该飞船上没有安装气闸舱，因此是直接打开舱门出舱的。由于双子星座飞船是乘载两名航天员，两名航天员同在一个座舱内，因此当怀特打开舱门后，坐在舱内的另一名航天员麦克迪维也暴露在宇宙真空环境中。如果按照苏联的定义，只要航天员暴露在宇宙真空环境中就算进行了太空行走，因此麦克迪维就是"没有出舱坐在坐椅上进行的太空行走"。可惜美国不承认这种定义，因此麦克迪维仍然不能排列在太空行走的航天员名单之内。

1984 年 7 月 17 日，苏联发射"联盟"T12 号飞船升空。船上载有扎尼拜科夫、沃尔克和女航天员萨维茨卡娅，与"礼炮"7 号空间站"联盟"T10 号飞船联合体对接。萨维茨卡娅于 1984 年 7 月 25 日从礼炮 7 号空间站上进行了太空行走，她与另一名男航天员一起出舱。25 日，她和扎尼拜科夫一起进行了 3 小时 35 分钟的舱外活动。萨维茨卡娅成为世界上第一位在太空行走的女性。

第一个在月面上行走的人是美国的阿波罗航天员阿姆斯特朗，他于1969 年 7 月 20 日乘坐阿波罗 11 号飞船在月面上着陆，第一个走出登月舱登上月球。他在月面上停留了 2 小时 31 分钟，与阿姆斯特朗一起的另一名航天员奥尔德林也跟随其后登上月球，在月球上也待了 2 小时 31 分钟。

阿姆斯特朗登上月球

2007 年 12 月 18 日，国际空间站的美国女指令长佩吉·惠特森创造了两项历史：与飞行工程师丹尼尔·塔尼一起完成空间站第 100 次太空行走，同时也以 32 小时 36 分钟的记录成为太空行走累计时间最长的女宇航员。

2008 年 9 月 27 日 16 时 43 分，当翟志刚从神舟七号飞船轨道舱缓慢而坚定地迈向太空的一刹那，中国航天史上的一个里程碑就此诞生。他也由此成为首位"太空漫步"的中国人。

汽车是用"塑料"造的吗

你知道吗

提起汽车，我们都知道它是一个喝油的"钢铁怪物"，通身都是金属，那么它和我们印象中软绵绵的塑料有什么关系呢?

汽车内饰好多是塑料制成的

化学原理

原来，用来造汽车的塑料不是普通的塑料，是一种叫工程塑料的材料，工程塑料用于汽车的主要作用是使汽车轻量化，从而达到节油高速的目的。发达国家将汽车用塑料量作为衡量汽车设计和制造水平高低的一个重要标志，世界上汽车塑料单用量最大的是德国，塑料用量占整体材料的15%。用于造汽车的塑料主要有以下几种。

1. 尼龙

尼龙主要用于汽车发动机及发动机周边部件。

（1）在汽车发动机周边部件上的应用。由于发动机周边部件主要是发热和振动部件，其部件所用材料大多数是玻纤增强尼龙。这是因为尼龙具有较好的综合性能，用玻纤改性后的尼龙，主要性能得到很大的提高，如强度、制品精度、尺寸稳定性等均有很大的提高。另外，尼龙的品种多，较易回收循环利用，价格相对便宜等，这些因素促成尼龙成为发动机周边部件的理想选择材料。

（2）在汽车发动机部件上的应用。发动机盖，发动机装饰盖，汽缸头盖等部件一般都用改性尼龙作为首选材料，与金属材质相比，以汽缸头盖为例质量减轻50%，成本降低30%。除了发动机部件外，汽车的其他受力部件也可使用增强尼龙，如机油滤清器、刮雨器、散热器格栅等。

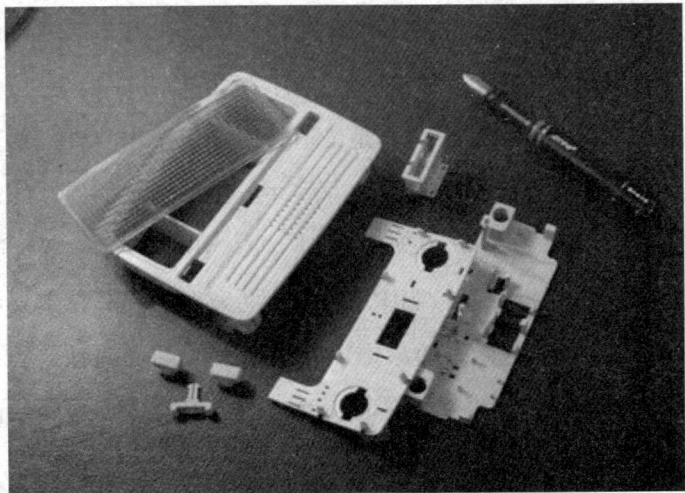

汽车塑料配件

2. 聚酯

在汽车制造领域，PBT 广泛地用于生产保险杠、化油器组件、挡泥板、扰流板、火花塞端子板、供油系统零件、仪表盘、汽车点火器、加速器及离合器踏板等部件。PA 易吸水，PC 的耐热性耐药性不及 PBT；在汽车用途接管方面，由于 PBT 的抗吸水性优于 PA，将会逐渐取代 PA。在相对湿度较高、十分潮湿的情况下，由于潮湿易引起塑性降低，电器节点处容易引起腐蚀，常可使用改性 PBT。在 80℃、90% 相对湿度下，PBT 仍能正常使用，并且效果很好。

3. 聚甲醛

POM 质轻，加工成型简便，生产成本低廉，材料性能与金属相近。改性 POM 的耐磨系数很低，刚性很强；非常适合制造汽车用的汽车泵、汽化器部件、输油管、动力阀、万向节轴承等。

4. 聚碳酸酯

改性 PC 由于具有高机械性能和良好的外观，在汽车上主要用于外装件和内装件，用途最为广泛的是 PC/ABS 合金和 PC/PBT 合金。

（1）汽车内装件 PC/ABS 合金是最适合用于汽车内装件的材料。这是因为 PC/ABS 合金具有优异的耐热性、耐冲击性和刚性，良好的加工流动性。它也是制造汽车仪表板的理想材料。PC/ABS 合金的热变形温度为 110～135℃，完全可以满足热带国家炎热的夏天中午汽车在室外停放的受热要求。PC/ABS 合金有良好的涂饰性和对覆盖膜的黏附性，因此用 PC/ABS 合金制成的仪表板无需进行表面预处理，可以直接喷涂软质面漆或覆涂 PVC 膜。

（2）汽车外装件 PC/PBT 合金和 PC/PET 合金既具有 PC 的高耐热性和高冲击性，又具有 PBT 和 PET 的耐化学药品性、耐磨性和成型加工性，因此是制造汽车外装件的理想材料。PC/PBT 汽车保险杠可耐 -30℃ 以下的低温冲击，保险杠断裂时为韧性断裂而无碎片产生。弹性体增韧 PC/PBT 合金和 PC/PET 合金更适合制作汽车车身板、汽车侧面护板、挡泥板、汽车门框等。高耐热型 PC/PBT 合金和 PC/PET 合金的注射成型外装件可以不用涂漆。PC/PET 合金可制作汽车排气口和牌照套。

5. 聚苯醚

改性 PPO 在汽车上主要用作对耐热性、阻燃性、电性能、冲击性能、尺寸稳定性、机械强度要求较高的零部件。如 PPO/PS 合金适用于潮湿、有负荷和对电绝缘要求高、尺寸稳定性好的场合，适合制造汽车轮罩、前灯玻璃嵌槽、尾灯壳等零部件，也适合制造连接盒、保险丝盒、断路开关外壳等汽车电气组件。

防弹玻璃是用什么做的

你知道吗

我们知道，为了保护一些重要人物的人身安全，通常他们乘坐的汽车里都安装了防弹玻璃。其实从外表看，一块防弹玻璃和一块普通玻璃没什么两样。然而，这只是它们唯一的相似之处。一块普通玻璃，不要说子弹，就是我们的手掌也能将其击碎。而防弹玻璃，根据玻璃厚度和射击武器的不同，可以抵挡一发到数发子弹的袭击。那么，是什么赋予了防弹玻璃抵御子弹的能力呢？

防弹汽车

 化学原理

　　防弹玻璃是在普通的玻璃层中夹上聚碳酸酯材料层，这一过程称为层压。在这个过程中，形成了一种类似普通玻璃但比普通玻璃更厚的物质。聚碳酸酯是一种硬性透明塑料——人们通常用它的品牌（莱克桑、Tuffak或者 Cyrolon）来称呼它。防弹玻璃的厚度在 7～75 毫米。射在防弹玻璃上的子弹会将外层的玻璃击穿，但聚碳酸酯玻璃材料层能够吸收子弹的能量，从而阻止它穿透玻璃内层。

防弹玻璃的防弹能力取决于玻璃的厚度。步枪子弹冲击玻璃的力度比手枪子弹要大得多，所以防御步枪子弹的防弹玻璃比仅仅防御手枪子弹的防弹玻璃要厚得多。

　　有一种单向防弹玻璃，它的

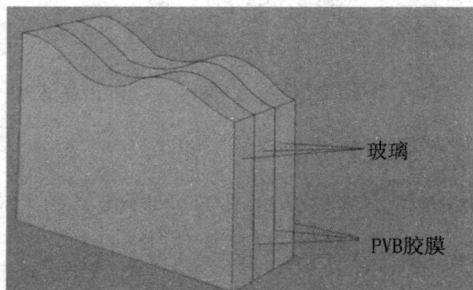

玻璃

PVB胶膜

防弹玻璃的构造

一侧能够防御子弹，却不阻碍子弹从另一侧穿过。这就使得受到袭击的人能够进行回击。这种防弹玻璃是由一层脆性材料和一层韧性材料层压而成的。

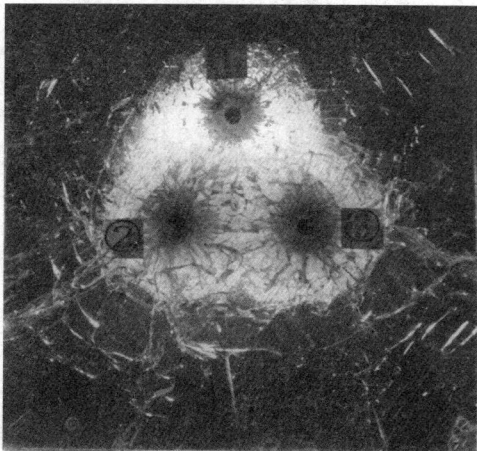

防弹玻璃碎而不裂

想象一辆配备有这种单向防弹玻璃的小汽车。如果车外有人向车窗射击，子弹会先击中脆性材料层。冲击点附近区域的脆性材料会变得粉碎，并在大范围内吸收部分能量。韧性材料则吸收子弹剩余的能量，从而抵挡住子弹。从同一辆车中由内向外发射的子弹能够轻易地击穿玻璃。因为子弹的能量击中在一个小区域里，使得韧性材料外弹。这又使得脆性材料向外破碎，从而让子弹击穿韧性材料，击中目标。

延伸阅读

为了降低大气污染程度，从 2000 年开始，我国在全国范围内推广无铅汽油，实现了汽油无铅化，从根本上解决了汽车尾气中的铅污染问题。但是，很多人却误将无铅汽油当作无害绿色汽油，在生活中放松了对汽车尾气的防范。事实上，无铅汽油仍存在不少污染问题。

无铅汽油除了无铅，燃烧时仍可能排放气体、颗粒物和冷凝物三大物质，对人体健康的危害依然存在。其中，气体以一氧化碳、碳氢化合物、氮氧化物为主。颗粒物以聚合的碳粒为核心，呈粉散状，60%～80%的颗粒物直径小于 2 微米，可长期悬浮于空气中，易被人体吸入。冷凝物指尾气中的一些有机物，包括未燃油、醛类、苯、多环芳烃、苯。

神秘的战船起火

你知道吗

从前，古罗马帝国的一支庞大船队耀武扬威地出海远征。船队驶近红海，突然，一艘最大的给养船上冒出了滚滚浓烟，遮天蔽日。远征的战船队只好收帆转舵，返航回港。

起火的战船

远征军的统帅并不甘心，费尽心机要查出给养船起火的原因。但是，查来查去，从司令官一直查到伙夫、马弁，没有任何人去点火放火。

化学原理

这桩历史奇案还是由后代的科学家研究出了一个结果，找到了起火的原因。原来是给养船的底舱里堆积得严严实实的草自发燃烧起来的。这种现象叫自燃。

自燃是由于可燃混合气体（或蒸气）自身热量或与无火花、无火焰的热表面接触，使温度升高，以及化学反应速度急剧增长而引起的着火现象。在燃烧理论中自燃分为热自燃和链自燃两种。

热自燃理论认为可燃混合气体化学反应的热量生成速率超过系统的散热速率，从而有过剩的热量加热可燃混合气体，使化学反应随着温度升高而迅速加快，进而使混合气体的温度迅速升高，直至引起混合气体燃烧。

链自燃理论认为使化学反应自行加速不一定是依靠热量的积累，而是通过连锁反应，迅速增加活化中心来促使反应不断加速，直至着火燃烧。自燃是一种复杂的化学和物理现象。对可燃混合气体，在发生自燃时总是需达到一定的温度。

在自燃温度时，可燃物质与空气接触，不需要明火的作用就能发生燃烧。自然点不是在一个固定不变的数值，它主要取决于氧化时所析出的热量和向外导热的情况。可见，同一种可燃物质，由于氧化条件不同以及受不同因素的影响，有不同的自燃点。

草怎么会自燃呢？给养船底舱的草塞得密不透风，有的开始缓慢地氧化，这实际上是一种迟缓的燃烧，放出热来，热散不出去，热量越聚越多，温度升高，终于达到草的着火点，于是就自发地着火了。

延伸阅读

在我们的生活中，自燃现象也不少见。农村的柴草垛，工厂的煤堆，有时会莫名其妙地冒热气，甚至生烟起火。有些废弃的煤矿，往往连续不断地发生自燃。弄清了发生自燃的科学道理，我们就可以设法预防了。

在堆放煤和柴草的时候，垛不能太大、太高，防止热量聚集。

汽车自燃

在煤堆中央，埋进几个铁篓子，从篓子里伸出铁管，通到煤堆顶上，这样可以使内部积存的热量迅速发散出来。

保持良好的通风，可以把缓慢氧化产生的热带走，降低温度。消除了燃烧的温度条件，自燃也就杜绝了。有经验的仓库工经常翻仓倒垛，也是为了防止可燃物质自燃。

其他有趣的化学现象

"笑气"是怎样发现的

你知道吗

英国化学家戴维，1778年出生于彭赞斯。因他父亲过早去世，母亲无法养活5个孩子，于是卖掉田产，开起女帽制作店来。但他们的日子还是越过越苦。戴维从小就勇于探索，他的兴趣很广泛。他在学校最喜欢的是化学，常常自己做实验。

英国化学家戴维

17岁的时候，戴维到博莱斯先生的药房当了学徒。既学医学，也学化学，除读书外，他还做些较难的化学实验，为此，人们送他一个"小化学家"的称号。

一天，一个叫贝多斯的物理学家，登门拜访了这位"小化学家"，并邀请他到条件很好的气体研究所去工作。

戴维欣然受聘，来到贝多斯的研究所。该所想通过研究各种气体对人体的作用，弄清哪些气体对人有益，哪些气体对人有害。

戴维接受的第一项任务是配制氧化亚氮气体。他不负众望，很快就制出这种气体。当时，有人说这种气体对人有害，而有的人又说无害，各持己见，莫衷一是。制得的大量气体，只好装在玻璃瓶中留着备用。

1799 年 4 月的一天，贝多斯来到戴维的实验室，见已制出许多氧化亚氮，高兴地说："啊，不错，你的工作令人十分满意……"贝多斯夸奖戴维的话还未说完，他一转身，不小心手把一个玻璃瓶子碰到地下打碎了。

戴维慌忙过来一看，打碎的正是装氧化亚氮的瓶子，忙问："手不要紧吧？"

"没事。真对不起，我把你的劳动成果浪费了。"贝多斯边说边拣碎玻璃。

"没什么，我正要做试验呢，想看看这种气体对人究竟会有什么影响，这样一来还省得我开瓶塞……"戴维的话还未说完，被贝多斯反常的表情弄得惊慌失措。

"哈哈哈……"一向沉着、孤僻、严肃得几乎整天板着面孔的贝多斯，今天突然大笑起来，"戴维，哈哈哈……我的手一点儿都不疼，哈哈哈……"

"哈哈哈……"刚才还处于惊慌的戴维也骤然大笑，"真的不疼？哈哈哈……"

两位科学家的笑声，惊动了隔壁实验室的人。他们跑来一看，都以为他俩得了神经病。

那么，你知道两位科学家为什么无缘无故笑得这么开心吗？

化学原理

原来是泄露的氧化亚氮起了作用。氧化亚氮，又称一氧化二氮、连二次硝酸酐，俗称笑气，是一种无色有甜味气体，化学式 N_2O，在一定条件下能支持燃烧（同氧气，因为笑气在高温下能分解成氮气和氧气），但在室温下稳定，有轻微麻醉作用，并能致人发笑，能溶于水、乙醇、乙醚及浓硫酸。其麻醉作用于1799 年由英国化学家汉弗莱·戴维发现。该气体早期被用于牙科手术的麻醉，是人类最早应用于医疗的麻醉剂之一。它可由 NH_4NO_3 在微热条件下分解产生，产物除 N_2O 外还有一种，此反应的化学方程式为：$NH_4NO_3 \longrightarrow N_2O \uparrow + 2H_2O$；有关理论认为 N_2O 与 CO_2 分子具有相似的结构（包括电子式），则其空间构型是直线型，N_2O 为极性分子。

延伸阅读

氧化亚氮（笑气）

氧化亚氮的制取

原理：硝酸铵在 169.5℃熔融，在 220℃分解成一氧化二氮和水。

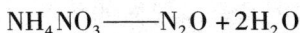

$$NH_4NO_3 \longrightarrow N_2O + 2H_2O$$

用品：大试管、铁架台、酒精灯、水槽、集气瓶、硝酸铵。

操作：

（1）在能适当加热的干燥装置中，在 80～100℃ 的温度下，使硝酸铵充分干燥。然后用干的研钵磨碎，再在 80～100℃ 的温度下干燥后，迅速放入瓶里加塞保存备用。

（2）取 2 克上述干燥的硝酸铵，加入干燥的试管里，按图装配好，加热（剪短酒精灯的灯芯，使火焰不太大）后。硝酸铵熔融成液体，以后像水沸腾那样，气泡翻滚。用向上排空气法收集一氧化二氮气体。

备注：

（1）本实验加热的温度不宜过高。温度过高，可能分解生成氮气、一氧化氮和二氧化氮。特别是在高温下容易引起爆炸。

（2）硝酸铵的用量控制在 2 克左右，以免发生爆炸。

（3）试管口应略低于水平。这样就能避免反应生成的水跟加热部分接触，引起试管破裂。

（4）2 克硝酸铵在常温、常压下理论上能收集到 610 毫升一氧化二氮，但由于部分熔融硝酸铵随生成的水流去，只能收集到 300 毫升气体，用一只 250 毫升集气瓶就可以了。

另外还可以用无水硝酸钠和无水硫酸钠混合物加热分解制得。

但是，一氧化二氮（N_2O）是一种具有温室效应的气体，是《京都议定书》规定的 6 种温室气体之一。N_2O 在大气中的存留时间长，并可输送到平流层，同时，N_2O 也是导致臭氧层损耗的物质之一。

与二氧化碳相比，虽然 N_2O 在大气中的含量很低，但其单分子增温潜势却是二氧化碳的 310 倍；对全球气候的增温效应在未来将越来越显著，N_2O 浓度的增加，已引起科学家的极大关注。目前，对这一问题的研究，正在深入进行。

肥皂的历史

你知道吗

在我们的生活中，一天也离不了肥皂。洗脸用香皂；洗澡用药皂；洗衣服用洗衣皂。脸要天天洗，衣服也要勤洗勤换。衣服穿久了，由于尘土、油污和汗水的玷污，会散发出酸臭味。带有油污的衣服是滋生病菌的温床，脏东西还会腐蚀、毁坏织物的纤维，只有经常洗涤才能使衣服"延年益寿"。

那么你知道肥皂的发展历史吗？

化学原理

古时候，人们在河边青石板上，将衣服折叠好，反复用木棒捶打，靠清水的力量洗去衣服上的污垢。这样洗衣服，既费力，效果又不好。后来有人发现有一种天然碱矿石，溶化在水里滑腻腻的，去油污还挺有效。皂荚树结的皂荚果，泡在水里，也可以用来洗衣服。同样，也能洗掉油污。

皂荚树

古时候的埃及，就有人发现用草木灰和一些羊脂混合以后得到的一些东西，特能去污，这大概是最早的肥皂了。古时候的法国（那时叫高卢）人用草木灰水和山羊油做成一种粗肥皂，有点像我们今天理发馆里的洗发水。稍后一些时候，人们将猪油拌和天然碱，反复揉搓挤压，得到跟今天的肥皂差不多的"猪胰子皂"。

1. 亲水基　　　　2. 憎水基

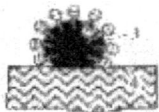 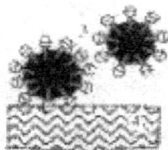

3. 油污　　　　4. 纤维织品

肥皂去污示意图

我们现在用的肥皂是从工厂的大锅里熬出来的。制皂工厂的大锅里盛着牛油、猪油或者椰子油，然后加进烧碱（氢氧化钠或碳酸钠）用火熬煮。油脂和氢氧化钠发生化学变化，生成肥皂和甘油。因为肥皂在浓的盐水中不溶解，而甘油在盐水中的溶解度很大，所以可以用加入食盐的办法把肥皂和甘油分开。因此，当熬煮一段时间后，倒进去一些食盐细粉，大锅里便浮出厚厚一层黏黏的膏状物。用刮板把它刮到肥皂模型盒里，冷却以后就结成一块块的肥皂了。药皂和一般的肥皂差不多，只是加进了一些消毒剂。

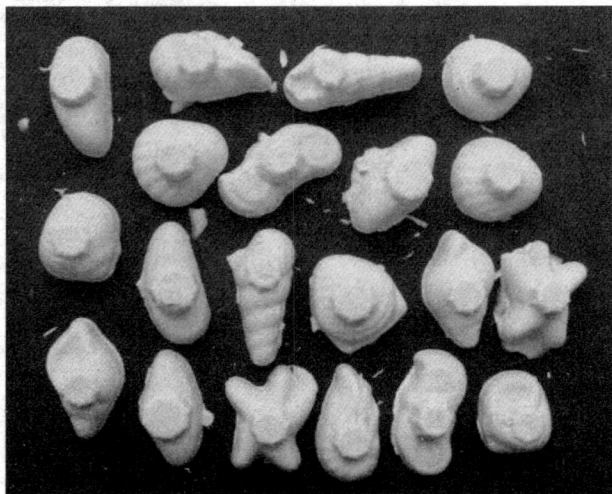

形状各异的肥皂

160

延伸阅读

甘油是制皂工业的重要副产品，在国防、医药、食品、纺织等方面，都有很大的用途。

甘油又名丙三醇，是一种无色、无臭、味甘的黏稠液体。甘油的化学结构与碳水化合物完全不同，因而不属于同一类物质。每克甘油完全氧化可产生4千卡热量，经人体吸收后不会改变血糖和胰岛素水平。甘油是食品加工业中通常使用的甜味剂和保湿剂，大多出现在运动食品和代乳品中。

甘油通常是从油脂中提炼制成的。甘油具有很强的吸湿性，纯净的甘油能吸收40％的水分，所以搽在皮肤上能形成一层薄膜，有隔绝空气和防止水分蒸发的作用，还能吸收空气中的水分。所以，冬季人们常用甘油搽于手和面部等暴露在空气中的皮肤表面，能够使皮肤保持柔软，富有弹性，不受尘埃、气候等损害而干燥，起到防止皮肤冻伤的的作用。

但是，纯净的甘油不宜直接用，应该先在纯甘油中加入50％左右的洁净冷开水，混合均匀后再用。因为纯甘油吸水性很强，直接用了不但没有润肤作用，反而会把皮肤上的水分夺走，使皮肤变得格外干燥或皲裂；皮肤多脂的人，可以略微搽一些甘油，或在洗手、洗脸的水里加几滴甘油，有助于皮脂溶解的作用，但如皮肤已经破损，不宜再搽甘油，以免刺激皮肤，影响伤口的

甘油

愈合。

甘油应贮在玻璃瓶内塞紧，防止灰尘、脏物混入，放置于低温、阴凉的地方保存。

甘油是一种味甜、无色的糖浆状液体。食品中加入甘油，通常是作为一种甜味剂和保湿物质，使食品爽滑可口。

甘油是甘油三酸酯分子的骨架成分。当人体摄入食用脂肪时，其中的甘油三酸酯经过体内代谢分解，形成甘油并储存在脂肪细胞中。因此，甘油三酸酯代谢的终产物便是甘油和脂肪酸。

一旦甘油和脂肪酸经过化学分解，甘油便不再是脂肪或碳水化合物了。甘油不同于碳水化合物，就如同棒球手不同于足球运动员一样。虽然甘油也可以像其他碳水化合物一样提供热量（每克甘油完全代谢后产生4.32千卡热量），但它们有着不同的化学结构。

会自动长毛的铝鸭子

你知道吗

找一张铝箔或用一张香烟盒里包装用的铝箔，把它折成鸭子状（注意有铝的一面向外）。

用毛笔蘸硝酸汞溶液，在铝鸭子周身涂刷一遍，

硝酸汞溶液

自动长毛的铝鸭子

162

或将铝鸭子浸在硝酸汞溶液中洗个澡，再用药水棉花或干净的布条把鸭子身上多余的药液吸掉。几分钟后，你会惊奇地看到鸭子身上竟长出了白茸茸的毛！更奇怪的是，用棉花把鸭子身上的毛擦掉之后，它又会重新长出新毛来。

铝鸭子为什么会长毛呢？长出的毛到底是什么东西呢？

化学原理

原来，铝是一种较活泼的金属，容易被空气中的氧气所氧化变成氧化铝。通常的铝制品之所以能免遭氧化，是由于铝制品表面有一层致密的氧化铝外衣保护着。在铝箔的表面涂上硝酸汞溶液以后，硝酸汞穿过保护层，与铝发生置换反应，生成了液态金属——汞。汞能与铝结合成合金，俗称"铝汞齐"，在铝汞齐表面的铝没有氧化铝保护膜的保护，很快被空气中的氧气氧化变成了白色固体氧化铝。当铝汞齐表面的铝因氧化而减少时，铝箔上的铝会不断溶解进入铝汞齐，并继续在表面被氧化，生成白色的氧化铝。最后使铝箔捏成的鸭子长满白毛。

延伸阅读

1827年，德国的韦勒把钾和无水氯化铝共热，制得铝。

铝，银白色有光泽金属，密度 2.702 克/立方厘米，熔点为 660.37℃，沸点为2467℃。具有良好的导热性、导电性和延展性。化合价 +3，电离能 5.986 电子伏特。铝被称为活泼金属元素，但在空气中其表面会形成一层致密的氧化膜，使之不能与氧、水继续作用。在高温下能与氧反应，放出大量热，用此种高反应热，铝可以从其他氧化物中置换金属（铝热法）。

例如：$8Al + 3Fe_3O_4 = 4Al_2O_3 + 9Fe + 795$ 千卡。

铝制品

在高温下铝也同非金属发生反应，亦可溶于酸或碱放出氢气。对水、硫化物，浓硫酸、任何浓度的醋酸，以及一切有机酸类均无作用。

铝以化合态的形式存在于各种岩石或矿石里，如长石、云母、高岭市、铝土矿、明矾时等等。有铝的氧化物与冰晶石（Na_3AlF_6）共熔电解制得。

从铝土矿中提取铝反应过程如下：

①溶解：将铝土矿溶于 NaOH 中

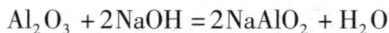

$$Al_2O_3 + 2NaOH = 2NaAlO_2 + H_2O$$

②过滤：除去残渣氧化铁、硅铝酸钠等

③酸化：向滤液中通入过量 CO_2

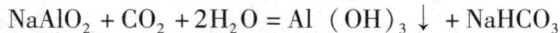

$$NaAlO_2 + CO_2 + 2H_2O = Al(OH)_3 \downarrow + NaHCO_3$$

④过滤、灼烧 $Al(OH)_3$

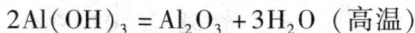

$$2Al(OH)_3 = Al_2O_3 + 3H_2O \text{（高温）}$$

注：电解时为使氧化铝熔融温度降低，在 Al_2O_3 中添加冰晶石（Na_3AlF_6）

⑤电解：$2Al_2O_3$（熔融）$= 4Al + 3O_2 \uparrow$（通电）

注：不电解熔融 $AlCl_3$ 炼 Al 原因：$AlCl_3$ 是共价化合物，其熔融态不导电。

铝可以从其他氧化物中置换金属（铝热法）。其合金质轻而坚韧，是制造飞机、火箭、汽车的结构材料。纯铝大量用于电缆，广泛用来制作日用器皿。

绿色植物中的化学知识

你知道吗

绿色植物，维系着生态平衡，使万物充满生机。从化学角度看，它还微妙而准确地反映着我们周围环境的特征和变化，供给人类许多有用的信息和物质。那你都知道哪些关于绿色植物的化学知识呢？

化学原理

酸模、常山等绿色植物丛生之地，常会发现地下有铜矿。地下若有金矿石，上面往往长忍冬，地下有锌矿，上面多长三色堇。兰液树分泌物里，镍含量较高时，它告诉人们：注意，这里可能有镍矿！美国曾靠一种粉红色的紫云英和"疯草"提示，发现了铀矿和硒矿。

许多绿色植物，还起着化学试剂的作用。杜鹃花、铁芒萁共生的地方，土壤一定是酸性的；马桑遍野之地，土壤呈微碱性；碱茅、马牙头群居处，是盐化草甸土的标志；如果荨麻、接骨木的叶里含有铵盐，预示它们生长的土壤中含氮量丰富。

杜鹃花

马桑

在"环境污染日益严重"的惊呼声中，绿色植物起着"报警器"的作用。在低浓度、很微量污染的情况下，人是感觉不出来的，而一些植物则会出现受害症状。人们据此来观测与掌握环境污染的程度、范围及污染的类别和毒性强度，进而采取相应的措施和对策，及时提出治理方案，防止污染对人体健康的危害。

当你发现在潮湿的气候条件下，苔藓枯死，雪松呈暗褐色伤斑，棉花叶片发白，各种植物出现"烟斑病"。请注意，这是 SO_2 污染的迹象。菖蒲等植物出现浅褐色或红色的明显条斑，是中毒的不祥之兆。假如丁

香、垂柳萎靡不振，出现"白斑病"，说明空气中有臭氧污染（实验测得，臭氧浓度超过百万分之 0.08 ~ 0.09 时，会使植物出现褐斑，继而变黄，最后褪成白色，叫做植物"白斑病"。臭氧浓度达百万分之 0.1 以上时，则 100% 植物发病）。要是秋海棠、向日葵突然发出花叶，多半是讨厌的 Cl_2 在作怪。

绿色植物是空气天然的"净化器"，它可以吸收大气中的 CO_2、SO_2、HF、NH_3、Cl_2 及汞蒸气等。据统计，全世界一年排放的大气污染物有 6 亿多吨，其中约有 80% 降到低空，除部分被雨水淋洗外，大约有 60% 是依靠植物表面吸收掉，如 1 公顷柳杉可吸收 60 千克 SO_2。许多植物在它能忍受的浓度下，可以吸收一部分有毒气体。例如，空气中出现 SO_2 污染，广玉兰、银杏、中国槐、梧桐、樟树、杉树、柏树、臭椿纷纷出动来吸收；若发现 Cl_2 污染，油松、夹作桃、女贞、连翘一起去迎战；发现 HF 污染，构树、杏树、郁金香、扁豆、棉花，西红柿一马当先吸收之；洋槐、橡树专门对付光化学烟雾。

连翘

延伸阅读

你想不到吧，植物之间也有"战争"，植物间的化学战有"空战"、"陆战"、"海战"三类。

空战 植物把大量毒素释放于大气中，形成大气污染使其他植物中毒死亡。加洋槐树皮挥发一种物质能杀死周围杂草，使根株范围内寸草不生；风信子、丁香花都是采用空战治敌的。

陆战 这些植物把毒素通过根尖大量排放于土壤中，对其他植物的根系吸收能力加以抑制。如禾本科牧草高山牛鞭草，根部分泌醛类物质，对豆科植物旋扭山、绿豆生长进行封锁，使之根系生长差，根瘤菌也明显减少。

海战 利用降雨和露水把毒气溶于水中，形成水污染而使对方中毒。如桉树叶的冲洗物，在天然条件下可以使禾本科草类和草本植物丧失战斗力而停止生长；紫云英叶面工的致毒元素——硒，被雨淋入土中，就能毒死与它共同占据一山头的植物异种。

绿色世界中的化学变化是异常复杂多变的，人们对其的认识大多还处在"知其然，不知其所以然"的状态，有待于进一步去研究。

铅笔的绝招

你知道吗

谁都知道，铅笔是用来写字的，但它另有绝招——能医锈锁。生锈的锁打不开，在进钥匙的孔内加一点铅笔芯粉末，往往就能打开锈锁。铅笔芯怎么会有这种绝招呢？

铅笔

化学原理

原来，铅笔芯里含有石墨，而石墨有润滑性。用手摸摸铅笔芯的粉末，会有一种滑腻的感觉。所以，铅笔芯能润滑锈锁。

石墨熔点很高，达 3000℃。作为润滑剂，它特别适用于在高温状态下工作的机器。在高温下，一般机油会分解，然而，石墨却"安然无恙"，继续发挥润滑作用。

石墨

有一种轴承，它在成型时加进了石墨粉。这种轴承能长期工作而不必加油滑润，它自身有石墨在起润滑作用。这是多么巧妙的轴承啊。

在直升机机舱的门纽上，已经大量使用新型高精度的纯石墨轴承。这种轴承既耐低温又耐高温，特别令人惊叹的是，在真空条件下，它仍能保持良好的润滑性。

延伸阅读

铅笔芯有硬有软，有黑有淡。这是怎么一回事？如果你能注意铅笔杆

上标的符号，就不难总结出下面的规律：

6H、5H、4H、2H、H、HB、B、2B、3B、4B、5B、6B

这里 H 代表英语的 Hard（硬），B 代表英语的 Black（黑）。铅笔芯只用石黑做原料，虽然很黑，但太软了。所以必须掺些纯黏土，黏土加得越多，硬度越大，笔迹也就越淡。

中小学生书写用的铅笔多是 HB，5B、6B 多用于画图画，而 5H、6H 多用于多层复写。

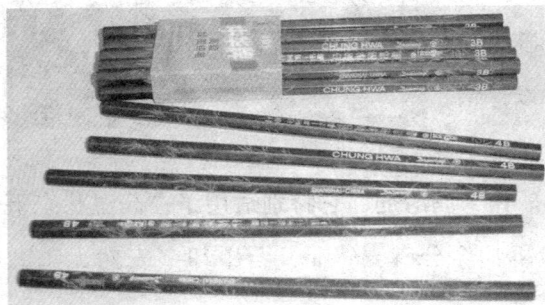

各种绘图铅笔

在铅笔里，工人们把石墨、黏土分别研细，然后混合，再加适当辅助材料，揉成黑面团，在机器里像挤牙膏一样把它变成黑面条。把黑面条烘干，便成了铅笔芯。

神奇的碳钟

你知道吗

在广袤的大自然中，有形形色色的"钟表"在不停地运行，记录下时间老人的行动轨迹，碳钟就是其中的一员。

日本千户县凤川地方的泥层中，发掘出了一些保存得很好的古莲子。科学家们测定这些种子已有 3000 岁了。这些种子经过培育，照样开花结了果实。

20世纪80年代，考古人员在新疆维吾尔自治区的罗布泊发现了一具褐色的年青女尸。她的头发微卷，眼睛闭着，就像沉睡中的少女。科学家们说，这具女尸距今已有2000多年了。

科学家是怎么知道女尸和古莲子的年龄呢？

化学原理

原来，自从20世纪发现放射性元素和它蜕变生成的同位素后，科学家们找到了一种大自然的"钟表"——放射性碳–14，这种"碳钟"不需要人上发条，也不会受外界温度、压力等影响。亿万年来，它始终准确和不停地走动着。用它可以准确地测定一些物质的年龄。

放射性碳–14是一种不稳定的同位素，它会不断放出射线并转化成正常的碳元素，而大气中由于天外射线的影响，又会不断地产生新的碳–14，使总量保持平衡。

地球上的所有生物，活着的时候总是不断地吸收大气中的二氧化碳，也吸收了混合在一起的碳–14，只有当动植物死亡后，它们与外界停止了物质交换，碳–14的供应也就停止了。从这时候起，生物体内的碳–14由于不断放出射线，含量逐渐减少。大约平均每过5568年，碳–14的含量会减少50%，这段时间叫做放射性同位素的"半衰期。"要知道女尸和古莲子的生长年代，只要测定一下它们中碳–14的含量，就可以推算出来了。

考古学家还用碳钟来确定古代文物的年代。例如，埃及古墓中出土的一个船形器皿，考古学家取下器皿上的一块木片，经碳钟测定，距今约有3620年。我国考古学家使用碳钟确定西安半坡村为新石器时代遗址，距今约有6000多年的历史。

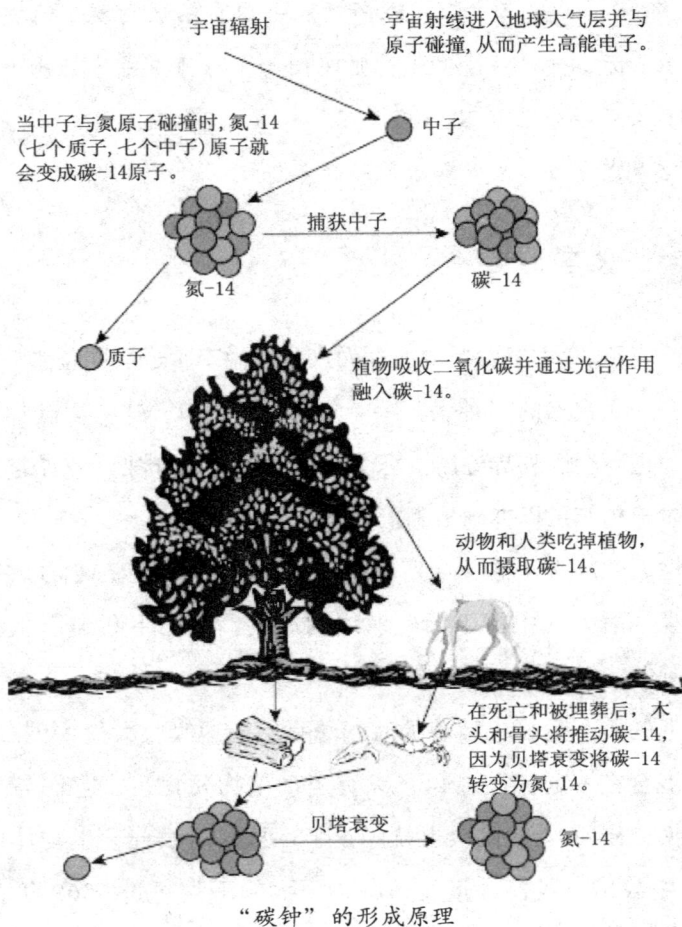

宇宙辐射

宇宙射线进入地球大气层并与
原子碰撞,从而产生高能电子。

当中子与氮原子碰撞时,氮-14
(七个质子,七个中子)原子就
会变成碳-14原子。

捕获中子

氮-14

碳-14

质子

植物吸收二氧化碳并通过光合作用
融入碳-14。

动物和人类吃掉植物,
从而摄取碳-14。

在死亡和被埋葬后,木
头和骨头将推动碳-14,
因为贝塔衰变将碳-14
转变为氮-14。

贝塔衰变

氮-14

"碳钟"的形成原理

延伸阅读

二氧化碳引起的死亡

在2.5亿年前,地球上只有一块单独的超级大陆,一个未被分裂的海洋
覆盖了地球其他部分。那时候的气候很热,大洋表面的水由于吸收了绝大部

分的阳光，温度升高，密度变小，因而根本流不到深处。与之相反，大洋深处的水几乎没有接收到阳光，因此变得十分冰冷和稠密，几乎是不流动的。

当死亡的生物从水表沉到水底，它们在腐烂的过程中会逐渐从不流动的水里吸收氧气。由于几乎没有水流到深处，所以没有途径从表层水中带进新鲜的氧气。有机物在腐烂时除吸收氧气外，还要放出二氧化碳。当大洋深处水中的氧气慢慢消失时，二氧化碳的含量却越来越多。

由于海洋中的二氧化碳越来越多，大气中的二氧化碳日趋减少，这减弱了温室效应，地球的气温开始下降。在几千万年里第一次出现了南北极的冰川，冰川附近的地表水变冷，密度增大，这引起了海水的流动，当装载着丰富二氧化碳的深层水流到浅水河区时，物种的灭绝开始了，许多海洋生物由于呼吸不到新鲜的氧气而死去了。

在二氧化碳杀死大部分海洋生物后，由于压力的减轻，它在水中的溶解度变小，大量的二氧化碳纷纷逃出海面，进入大气中。随着温室效应的加强，地球上的气候重新变热。快速的气候变化使生活在陆地上的生物日子也很难过，那些适应不了气候变化的生物大批大批地灭绝了，只有大约5％适应能力很强的物种才侥幸活了下来。

这就是科学家对发生在2.5亿年前的那次生物大灭绝的原因所作的推测。

魔鬼谷的秘密

你知道吗

东起青海省的布伦谷，西至新疆巴音郭楞蒙古自治州若羌县南部的昆

仑山支脉，有一条长约 100 千米，宽约 30 千米的大谷地，历来被人们称为"魔鬼谷"。这个谷地一遇天气骤变，便会成为阴暗恐怖的"地狱"：平地生风，电闪雷鸣，尤其是滚滚炸雷，震得山摇地动，成片的树木被烧得身焦枝残。偶尔有误入其中者，往往因遭雷击而绝少生还。几百年来，这里被附近以游牧为生的牧民视为禁地。

化学原理

据最新勘察证实，这一谷地地层中，除有大面积三叠纪火山喷发的强

青海"魔鬼谷"

磁性玄武岩体外，还伴有百多个铁矿脉及石英闪光岩体。经伽玛法测试，这里的磁场相当强。地下岩体和铁矿带所产生的强大磁场的电磁效应，引来了雷电云层中的电荷，因而产生了空气放电，形成了炸雷。雷电一旦遇上地面突出物体，就会产生尖端放电现象，因而牧场上的人和畜群就成了雷电轰击的目标。而这一谷地的牧草之所以生长茂盛，正是由于雷电所产生的高温使空气中的氮气和氧气生成了一氧化氮，一氧化氮继续与氧气反应生成二氧化氮，二氧化氮遇水形成硝酸，随雨水落下后，与土壤中的岩石作用形成能溶于水、易于植物吸收利用的硝酸盐。牧草由于吸收了生长所需要的氮元素而变得枝叶茂盛。

延伸阅读

也许你们知道世界上有许多"死谷",人们一进去就再也出不来了,可你们是否知道,这世界上还有一个杀人湖呢?

在1984年的一天清晨,在非洲足球强国喀麦隆的莫农湖畔,人们发现了30多具尸体,他们的鼻和口中,都有许多血迹,身上还有轻度的灼伤。

是谁杀害了他们呢?

杀人湖

警方在调查后得知,前一天晚上,莫农湖曾发出了一声震耳欲聋的爆炸声,他们去请教科学家,科学家在研究分析了莫农湖之后,说这个湖泊是造成30多人死亡的罪魁祸首。

这是什么原因呢?

原来莫农湖坐落在火山附近,由于火山喷发,湖底充满了大量的二氧化碳。地壳运动导致了湖底出现了滑坡,水对二氧化碳的压力变小,于是大量的二氧化碳从水中"跑"了出来,这时,正好有30多人呆在湖边,高浓度的二氧化碳使他们在瞬间之内窒息死亡。

那天早上雾很大，二氧化碳遇水形成碳酸，因而，死者身上有轻度的灼伤。法医解剖尸体后证实了科学家的断言。

诗歌中的化学

你知道吗

杜甫是唐代著名诗人，为我们留下了许多传诵千古的不朽诗篇。他在一首诗中，记述了一件十分迷惑不解和懊恼的事情：

"诗圣"杜甫

客从南溟来，遗我泉客珠。

珠中有隐字，欲辨不成书。

缄之箧笥久，以俟公家须。

开视化为血，哀今征敛无。

诗的大意是说，从南方来了一位客人，他送给诗人一颗珍珠，珍珠上似乎有花纹或字迹，诗人珍藏在箱中，过了好久，他打开箱子，却发现珍珠已经不翼而飞，只剩下了一些红色的液体。你能替杜甫解释这一现象吗？

化学原理

大家知道，珍珠是珍珠贝的外套膜中受到刺激后产生的分泌物质聚积而成的，它的主要成分是碳酸钙，还有少量的有机质。碳酸钙难溶于水，

但在酸性条件下能转变为酸式盐而溶解：

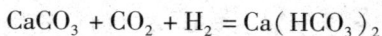

$$CaCO_3 + CO_2 + H_2 = Ca(HCO_3)_2$$

珍珠不能放在潮湿的地方

　　杜甫住的房子漏雨潮湿，竹箱没有防潮的性能，遇到水和空气中的二氧化碳气体后，珍珠就发生了化学变化，成了红色液体，杜甫当时不知道这些化学知识，所以会迷惑不解。

延伸阅读

　　去过建筑工地的同学会知道，在工地上常常能见到工人把很多的水浇到大堆大堆的生石灰上，石灰堆上不住地冒着热气。原来，生石灰在变成熟石灰时会放出大量的热，足以使水沸腾，这热气便是受热生成的水蒸气。要是往石灰堆里埋一个生鸡蛋，过不了多久，它就被煮熟了。

　　利用生石灰与水反应以能放出许多热量的特性，人们制成了一种奇妙的自动加热的罐头食品。

其实，这种罐头只是比一般罐头外面多了一层铝壳，在铝壳与罐头瓶之间放进石灰粉和一塑料袋水。在吃罐头之前，先用针在标明的针眼里刺一下，把塑料袋划破，水就会流出来，与生石灰反应，放出热量，对食品进行加热。这种新型的罐头，对于旅游者、野外工作人员和登山运动员来说是不可多得的食品。

生石灰与水反应除了放出热量之外，还有一种膨胀力。它能使水泥构件和岩石发生破裂。因而，人们可以把生石灰制成化学破碎剂，用它来拆除旧的水泥搂房。同传统的爆破方法相比，它具有无爆炸声、无振动、无尘土等优点，还能保证施工人员的安全。

神通广大的活性炭

你知道吗

1915 年，第一次世界大战期间，西方战线的德法两军正处在相持阶段。德军为了打破僵局，在 4 月 22 日，突然向英法联军使用了可怕的新武器——化学毒气氯气 18 万千克。英法士兵当场死了 5000 人，受伤的有 1.5 万多人。

有"矛"必然就会发明"盾"，有化学毒气必然就会发明防毒武器。在两个星期后，军事科学家就发明了防护氯气毒害的武器，他们给前线每个士兵发了一种特殊的口罩，这种口罩里有用硫代硫酸钠和碳酸钠溶液浸过的棉花。这两种药品都有除氯的功能，能起到防护的作用。

Wuchubuzai De Kexue Congshu

可是，敌方并不老是使用氯气，如改用第二种毒气，这种口罩就无能为力了。事实也是如此，在使用氯气后还不到一年，双方已经用过几十种不同的化学毒气。所以，必须找到一种能使任何毒气都会失去毒性的物质才好。这种"万能"的解毒剂在 1915 年末就被科学家找到了。它就是活性炭。那么活性炭是如何防毒的呢？

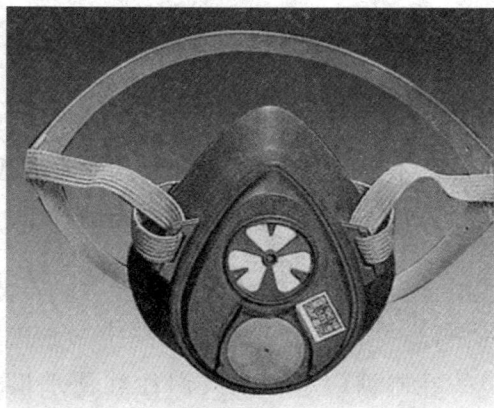

活性炭防毒面罩

化学原理

大家也许知道，把木材隔绝空气加强热可以得到木炭。木炭是一种多孔性物质，多孔性物质的表面积必然很大。物质的表面积越大，它吸附其他物质的分子也就越多，吸附作用也就最强烈。如果在制取木炭时不断地通入高温水蒸气，除去黏附在木炭表面的油质，使内部的无数管道通畅，那么木炭的表面积必然更大。经过这样加工的木炭，叫做活性炭。显然，活性炭比木炭有更强的吸附作用。

在 1917 年，交战双方的防毒面具里都已装上了活性炭。活性炭的眼睛为什么那么雪亮，能抓住毒气而放过氧气、氮气呢？原来，活性炭的吸附作用同被吸附的气体的沸点有关。沸点越高的气体（即越容易液化的气体），活性炭对它的吸附量越大。军事上使用的大多数化学毒气的沸点都比氧气、氮气高得多。

延伸阅读

请不要以为活性炭只用在防毒面具里，它还有许多其他用途。

在自来水工厂里，如果水源有臭味，只要让水流过活性炭后就不臭了。你也许会说自来水仍然有股味。这是氯的气味，因为自来水常用氯来消毒。

在制糖厂里，工人们往红糖水里加一些活性炭，经过搅拌和过滤，可以得到无色的精液，再减压蒸发水分，红糖就变成晶莹的白糖了。

现代家庭的金鱼缸里，有不少装着电动水泵，让水循环通过滤清器。在滤清器里也用活性炭去吸附水中的臭味和杂质。

各种各样的活性炭

女儿国的秘密

你知道吗

《西游记》中描写了唐僧一行西去取经路过女儿国的故事。世界上真的存在女儿国吗？

《西游记》女儿国剧照

以前，在广东某一山区的村寨里，连续好几年出生的都是女孩，人们急了，照这样下去，这个地区岂不是变成女儿国了吗？再下去就要化成一缕青烟，种族灭绝了！

后来，人们整天求神拜佛，但无济于事。有位风水先生开说："地质队在后龙山寻矿，把龙脉破坏了，这是坏了风水的报应啊！"

于是，迷信的村民，千方百计地找到了原来在此地探矿的地质队，闹着要他们赔"风水"。难道真是龙脉被地质队挖走了吗？

化学原理

地质队不得已回到了这个山寨，进行了深入的调查，终于找到了原因。原来是在探矿的时候，钻机把地下含铍的泉水引了出来，扩散了铍的污染，使饮用水的铍含量大为提高，长时间饮用这种水，而导致生女而不生男。经过治理，情况得到了好转，在"女儿国"里又出生男孩了。

延伸阅读

铍的密度为铝的1/3，强度几乎与钢相等，坚固性与钼相似，熔点高达1300℃左右，接近不锈钢，传热本领是钢的3倍，铝的2.5倍，是金属中最好的良导体。透X射线能力最强，比铝强16倍，有"金属玻璃"之称。

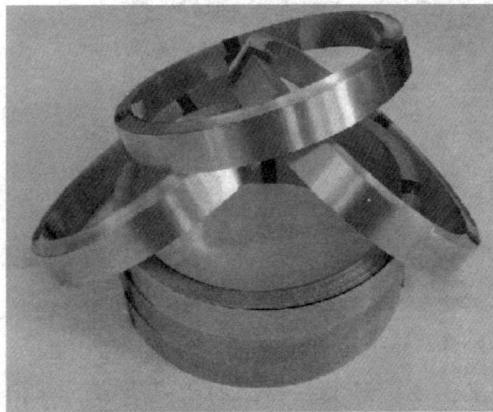

铍铜带

铍对铜的性能有极好的影响。含铍1%～3.5%的铍青铜，机械性能优良，抗拉强度比一般钢铁大几倍，用铍青铜制成的弹簧，可以压缩几亿次以上，利用铍青铜耐腐蚀抗高压的性能，常用它来制造深海探测器和海底电缆，铍青铜也常常被用来制造气阀座、手表的游丝，振动片、高速轴承、轴套、耐磨齿轮、焊接电极以及其他精密仪器上的零件等。

疲劳是许多金属和合金的一种"职业病"。如果在钢中加入少量铍，它就像吃了一剂"灵丹妙药"，使钢的"职业病"药到病除。用这种钢制成小汽车弹簧，可以经受1400万次冲击，也不会出现疲劳的痕迹。含镍铍青铜，不会被磁铁吸引，不受磁场磁化，所以是制作防磁零件的好材料。

在原子核反应堆里，为了让原子核释放出巨大的能量，需要用极大的力量去轰击原子核，使其发生分裂。中子被用来作轰击原子核的"炮弹"。而铍正是一种能够提供大量中子炮弹且效率很高的"中子源"。原子锅炉"点火"以后，还要进一步使它真正"燃烧"起来。中子轰击原子核，原子核发生分裂，放出能量，同时产生新的中子。新中子速度极快，达到每秒几万千米，必须使这类快中子减慢速度，变成慢中子，才能使核裂变持续不断地进行，使原子燃料真正燃烧起来。铍对快中子有很强的"制动"能力。所以铍是原子反应堆里能效很高的减速剂。在所有降低中子速度的材料中，铍被认为是最好最可靠的材料。

迷惑敌人的烟幕弹

你知道吗

看过战争片吗？看过的人都知道，在发起进攻之前，人们往往要发射一种特制的炮弹，霎时，只见浓烟滚滚，什么都看不清楚，而进攻的部队就在烟雾的掩护下，向敌人发动了猛烈的进攻。

烟幕弹

可是，你们想过没有，这种炮弹究竟是用什么材料制成的呢？

化学原理

原来这种特制的炮弹叫烟幕弹，它里面装的不是炸药，而是一种叫做四氯化锡的无色液体。在常温下，锡会跟盐酸发生反应生成二氯化锡，在二氯化锡的溶液中通入氯气，二氯化锡就会转变为四氯化锡。四氯化锡的"脾气"很特别，它一般很"老实"，但一遇水蒸气就会马上发生水解，冒出大量的白烟，形成一团烟雾。

四氯化锡的这个怪脾气很不讨人喜欢，然而军事科学家却十分欣赏它。他们把它装在空心的炮弹中，就制成了烟幕弹，在战争中有很重要的作用。

延伸阅读

锡是一种银白色而又柔软的金属，它与铅、锌很相似，但看上去要更亮一些。它的硬度比较低，用小刀就能切开它。它具有良好的延展性，特别是在温度100℃时，能展成极薄的锡箔，厚度可以薄到0.04毫米以下。

锡也是一种低熔点的金属，它的熔点只有232℃，因此，只要用蜡烛火焰就能把它熔化成像水银一样的流动性很好的液体。

纯锡有一种奇特的性能：当锡棒和锡板弯曲时，会发出一种特别的仿佛是哭泣声的爆裂声。这种声音是由晶体之间发出的摩擦引起的。当晶体变形时，就会产生这样的摩擦。奇怪的是，如果换用锡的合金，在变形时，却不会发出这种哭声。因此，人们常常根据锡的这一特性来鉴别一块金属究竟是不是锡。

马口铁礼盒

金属锡的主要用途之一就是用来制造镀锡铁皮。锡铁皮就人们常说的"马口铁",这是一种镀了锡的铁皮。别看上面的锡层很薄,但它是非常有用的"外衣"。铁皮穿上了这件外衣,不仅很美观,而且获得了很多优良的性质。

永乐公主永葆青春之谜

你知道吗

相传,唐玄宗的女儿永乐公主年幼时体弱多病,14 岁时还是一个赢弱憔悴的丑丫头。在她 15 岁那年,爆发了"安史之乱",永乐公主随皇帝出逃,流落到陕西沙苑一带。从此小公主便以当地产的蒺藜子为茶。不料,

蒺藜

她渐渐病愈，两三年后竟变得婀娜娇美，楚楚动人。对此，永乐公主深知自己是得益于蒺藜子。"安史之乱"平定后，永乐公主回宫时便随身带了一些蒺藜子，并把它送给皇兄肃宗皇帝饮用，几十天后肃宗感到自己耳更聪，目更明，精力倍增。从此，蒺藜子被视为灵丹妙药而名扬天下。那么蒺藜子究竟为何如此神奇呢？

化学原理

蒺藜子的神奇功效，对古人来说当然是秘不可知的。现代科学揭开了它的谜底，原来蒺藜子中含有许多种人体必需的微量元素，尤其是硒的含量相对较为丰富，现代医学已经证明，硒具有抗癌、防治心肌病、抗衰老等作用，对人体健康十分重要。

无巧不成书，在台湾某地有一个少年，他的视力竟达到了4.0的极限程度，人们公认他是现代的"千里眼"。

原来他自幼就喜欢生食鱼眼，而鱼眼中含有丰富的硒，硒在人体内形成的有机物能够消除对眼睛有害的物质，此外，瞳孔的收缩和眼睛的活动也离不开硒的作用。

延伸阅读

硒是自然界中分布很广的一种元素，据估计，地壳中的硒储量比锑、银、汞等大几倍到几十倍，比金子加上所有铂族元素的总合差不多还要大100倍。它和锗、硅的性能相似，是一种典型的半导体，在工业生产中有很大的贡献。

硒粉

Wuchubuzai De Kexue Congshu

硒还是生物体必需的数十种微量元素之一，生物体中只要缺乏其中任何一种元素，就会处于不正常的生理状态，影响它的生长和发育。而生物体中某种元素过量时，则不论该元素在适量时对生物多么重要，它也会对生物体产生毒害，甚至危及它的生命。

人体中含有适量的硒大有益处，如果硒的含量太低，就会导致肝坏死和心肌病等，而当其含量过高时，又会使人中毒以至死亡。

硒是在1817年由瑞典化学家贝采里乌斯发现的。当时他正在研究一种生产硫酸的方法，一次他偶然发现在焙烧一种黄铜矿时，铅室的墙上沉积出一层红色的残泥。

这一奇特的现象，引起了他的兴趣。他决定弄清楚红泥的秘密。

当他把这种红泥加热时，十分意外地闻到了一股腐烂的萝卜臭味，他以为这就是硫，心里十分高兴。他推想这种黄铜矿一定是碲的新矿源，于是就收集了许多红泥，想从中提炼出碲来，可是竹篮打水一场空，他连碲的影子也没见到。

不过，他得到了一种莫名其妙的物质，它的化学性质跟碲十分相似，经过多次实验之后，贝采里乌斯认为这是一种新元素，于是他仿照硫（拉丁文原意是地球）给它起名叫硒（拉丁文意思是月亮）。

蜘蛛的启示

你知道吗

我们知道，吐丝结网是蜘蛛的本能。首先，蜘蛛会先向空中吐出一根长长的"搜索丝"，任其随微风或气流飘荡。之后，再放出一根悬垂丝，并在这根丝的中段加上第三根丝成 Y 形，形成蜘蛛网最初的 3 根不规则半径。

再加上 50 多条线形成一张网的雏形。接下的工作是铺设螺旋线，纺织成网。蜘蛛以网心为起点，织出一根自内向外的螺旋线，

蜘蛛吐丝结网

当做下一道工序的"脚手架"。需要指出的是，直到"脚手架"搭好，蜘蛛所织出的网还没有黏性，也就是说还粘不住昆虫。这时，蜘蛛便从外向网心开始铺设有黏性的丝，即捕食螺线，同时把"脚手架"啃吃掉，完成最后一道工序。

蜘蛛的这种天赋的才能给数学家、物理学家带来启示。其实，化学家又何尝不曾得到启发呢?

化学原理

300 多年前，英国有一位年轻的科学家经常从早到晚，目不转睛地观察蜘蛛。他看见蜘蛛忙忙碌碌，吐丝织网。刚从蛛囊里拉出的细丝是黏液，迎风一吹，一瞬间变成又韧又结实的蛛丝。这位青年科学家想，要能发明一个机器蜘蛛，"吃"进化学药品，抽出晶莹的丝来纺线织布，那该多好啊！他一头扎进化学实验室，摆弄起瓶瓶罐罐，用各种化学药品做开了试验。他用硝酸处理棉花得到了硝酸纤维素，把它溶解在酒精里，制成黏稠的液体，通过玻璃细管，在空气中让酒精挥发干以后，便成了细丝。这是世界上第一根人造纤维。但是这种纤维容易燃烧、质量差、成本高，没法用来纺纱织布。

后来，科学家模仿吐丝的蚕儿，将便宜、易得的木材里的木质纤维素溶解在烧碱和二硫化碳里，做成黏液，再在水面下喷丝，拉出千丝万缕。这就是大名鼎鼎的"人造丝"（粘胶纤维）。它的长纤维可以织成人造丝印花绸、人造丝袜。短纤维造出"人造棉"布、"人造毛"。它们穿着舒适，和棉麻织物差不多：透气良好，容易吸水，可以染上漂亮的颜色，而且价格低廉，颇受欢迎。这样，人造纤维在问世仅30年后，就代替了1/10的棉、麻、丝、毛。

可是，人们并不满意。人造丝、人造棉潮湿的时候很不结实，洗涤后容易变形，缩水严重。再说，人造纤维虽然扩大了原料的来源，把不能直接纺纱织布的木材、短的棉花纤维、草类利用了起来，可是，资源毕竟有限。于是，人们把眼光从天然纤维跳到了矿物上头，石头、煤、石油能不能变纤维呢？

后来，德国出现了用煤、盐、水和空气做原料制成的聚氯乙烯纤维（氯纶）。它的化学成分和最普通的塑料一样。这是最早的合成纤维。用氯纶织成的棉毛衫裤、毛线衣裤，既保暖又容易摩擦后带静电，穿着它，对治疗关节炎还有好处。

比氯纶晚几年出世的尼龙（锦纶），比蛛丝还细，但非常结实，晶莹透明，一下子以它巨大的魅力使人们着了魔。用尼龙丝织成的袜子结实耐磨，一双顶四五双普通的棉线袜穿用。曾经很流行的"的确良"（涤纶），挺括不皱，是产量最大的一种合成纤维。腈纶，俗称"合成羊毛"，蓬松耐晒，用它做的毛线，毛毯，针织衣裤，我们都很熟悉。价廉耐用的维尼龙（维纶），织成维棉布，做床单或内衣，吸水、透气性跟棉织品差不多。维纶棉絮酷似棉花，人称"合成棉花"。除了涤纶、锦纶、腈纶、维纶四大合成纤维外，由丙烯聚合而成的丙纶一跃而起，成为合成纤维的新秀。

氯纶布料

尼龙绳

人造纤维

丙纶是比重最轻的合成纤维，入水不沉。飞机上的毛毯、宇航员的衣服用它制作，可以减轻升空的负担。如今，化学纤维的年产量已经和天然纤维平起平坐了，而它在国民经济和国防事业上的作用却远远超过了天然纤维。不过，今天规模巨大的"机器蚕"在日夜运转，还多亏了蚕儿吐丝、蜘蛛织网给人们的启示呢！

如何用化学方法显示指纹

？你知道吗

我们知道，世界上没有两片相同的树叶，同样，世界上也没有两个人的指纹是完全一样的。于是，指纹成了鉴别一个人的身份的最重要的依据之一。我们常常说天网恢恢，疏而不漏，坏人在犯罪时，总会"百密一疏",留下蛛丝马迹,其中就包括指纹。而这些指纹是用肉眼看不清楚的,也无法做出判断。那么,刑侦技术人员又如何让这些指纹现出"原型"呢?

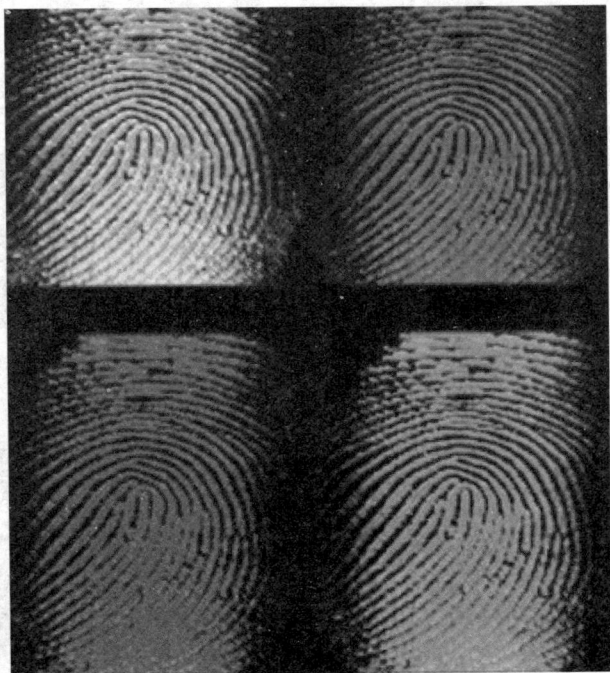

各种各样的指纹

化学原理

罪犯作案时留下的指纹印上总会有微量物质,如油脂、盐分和氨基酸等等。由于指纹凹凸不平,其微量物质的排列与指纹呈相同图案。因此只需要检测这些微量物质就能显示指纹。常用的方法有以下几种:

(1)碘蒸气熏,由于碘能溶解在指纹印的油脂中而能显示指纹。纯净的碘是一种紫黑色、有金属光泽的晶体,碘易溶于有机溶剂。由于指纹含有油脂等有机溶剂，当碘遇热升华后的蒸气遇到这些有机溶剂时，就会溶解其中，因此指纹也就显示出来了。用碘蒸气熏法可检出数月前的指纹。

（2）喷硝酸银溶液，指纹上残存的盐分遇到硝酸银溶液会转变为白色的氯化银。化学反应如下：

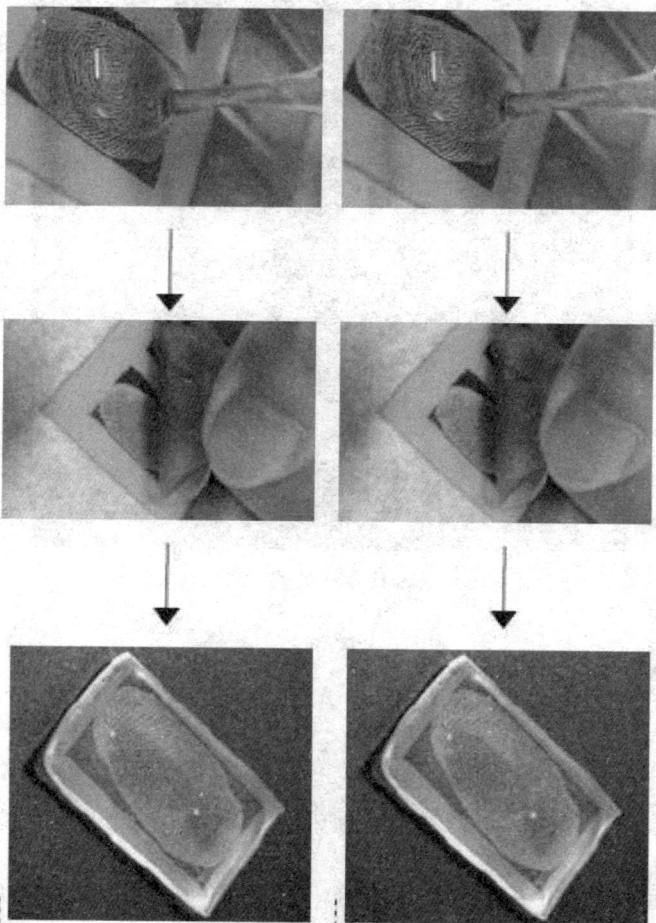

$$NaCl + AgNO_3 === NaNO_3 + AgCl$$

用硝酸银溶液鉴别指纹

经日光照射 AgCl 分解：

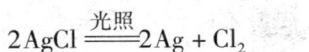

$$2AgCl \xrightarrow{\text{光照}} 2Ag + Cl_2$$

因为黑色 Ag 的细小颗粒，指纹显示出来，这也是刑侦破案常用方法，可检出比碘蒸气熏法时间更长的指纹。

（3）宁海得林（Ninhydrin）法。将试剂喷在检体上，与身体分泌物的氨基酸产生反应后，会呈现出紫色的指纹。

（4）萤光试剂法。萤光氨与邻苯二醛几乎马上与指纹残留物的蛋白质或氨基酸作用，产生高萤光性指纹，此试剂可以用在彩色物品的表面。

采集证据还可以使用其他的方法，如三秒胶法，即利用氰丙烯酸酯的气体与水和氨基酸分子反应而产生指纹。此外还有激光法等，可检出一两年甚至 15 年前留下的指纹。

延伸阅读

指纹是人类手指末端指腹上由凹凸的皮肤所形成的纹路。指纹能使手在接触物件时增加摩擦力，从而更容易发力及抓紧物件，是人类进化过程式中自然形成的。目前尚未发现有不同的人拥有相同的指纹，所以每个人的指纹也是独一无二。由于指纹是每个人独有的标记，近几百年来，罪犯在犯案现场留下的指纹，均成为警方追捕疑犯的重要线索。现今鉴别指纹方法已经电脑化，使鉴别程序更快更准。

指纹由遗传影响，由于每个人的遗传基因均不同，所以指纹也不同。然而，指纹的形成虽然主要受到遗传影响，但也有环境因素，当胎儿在母体内发育 3 ~ 4 个月时，指纹就已经形成，但儿童在成长期间指纹会略有改变，直到青春期 14 岁左右时才会定型。在皮肤发育过程中，虽然表皮、真皮以及基质层都在共同成长，但柔软的皮下组织长得比相对坚硬的表皮快，因此会对表皮产生源源不断的上顶压力，迫使长得较慢的表皮向内层组织收缩塌陷，逐渐变弯打皱，以减轻皮下组织施加给它的压力。如此一来，一方面使劲向上攻，一方面被迫往下撤，导致表皮长得弯弯曲曲，坑洼不平，形成纹路。这种变弯打皱的过程随着内层组织产生的上层压力的变化而波动起伏，形成凹凸不平的脊纹或皱褶，直到发育过程中止，最终定型为至死不变的指纹。有人说骨髓移植后指纹会改变，那是不对的。除非是植皮或者深达基底层的损伤，否则指纹是不会变的。

征服"死亡元素"

你知道吗

"死亡元素"，多可怕的名字！这是怎么回事？原来，在化学发展史上，有一种号称"死亡元素"的物质，曾经夺去了好几位试图接近它的化学家的生命。

你知道这是什么元素吗？它就是元素周期表中的第9号元素——氟。

氟是淡黄绿色的气体，有臭味。它的化学性质很活泼，能直接与氢化合发生爆炸，许多金属都能在氟气里燃烧。在工业生产中，含氟的塑料和橡胶性能特别好。

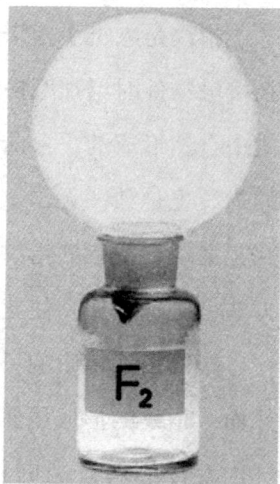

氟

那么，氟怎么会被称为"死亡元素"呢？又是哪位科学勇士冒着生命危险征服了它呢？

化学原理

原来，人类很早就发现了氟的化合物，并且把它们应用到工业生产当中。1529 年，德国矿物学家阿格里拉发现了氟化钙，并且把它用作冶金助熔剂。

随着氟化物的不断发现，科学家们开始设法提取单质的氟。最早给它命名的，是英国著名化学家戴维。1813 年，他试图从实验中提取氟元素，没料到立刻严重中毒，险些丧生，不得不放弃了实验。

随后，爱尔兰和比利时的三位科学家在提取氟的实验中，两位中毒死去，一位丧失了工作能力。这些不幸的消息，迅速传遍了国际化学界，人们感叹道："人类与氟无缘了！"

"谁也征服不了氟！"有人甚至这么断言。

从此，氟的提取成为化学领域中的一个禁区。人们封给它"死亡元素"的绰号，大有"谈氟色变"之势。

没想到，偏偏有人勇敢地闯进了这块禁区，成功地离析出氟，并因此荣获诺贝尔化学奖。

这位无畏的科学勇士，就是法国著名的化学家莫瓦桑。

当人们听说莫瓦桑居然想征服这个"死亡元素"时，有些人佩服他的勇气和胆量，更多的人则劝他：

"化学领域中可以研究的课题很多，你何必用自己的生命来冒险呢？难道你不知道已经有好些人为它而丧生了吗？"

莫瓦桑当然珍惜自己的生命，但他更热爱科学研究。他回答说："我

知道，这项研究也许要以生命作代价，甚至付出了这个代价也得不到成功。但是，如果没有人愿意冒险，也就永远不会有成功的希望。前人所做的实验失败了，正好为我的研究提供借鉴，至少可以让我少走弯路。"

怀着献身科学的执著精神，莫瓦桑开始了从氟化物中提取出单质氟的实验。

莫瓦桑想：要从氟的化合物中提取出氟元素，最好用电解的方法。不过，首先要确定用哪一种氟化合物来做实验。

亨利·莫瓦桑

所谓电解法就是通过电力的作用，把化合物分解成各组成部分的办法。在研究前人实验的过程中，莫瓦桑发现，他们曾经选用过氢氟酸、氟化汞、无水氟化钙、氟化钾等等，但是都失败了。

"也许，无水氟化氢可以试试看。"莫瓦桑做了这么一个实验：在铂制的曲颈瓶中蒸馏 KHF_2，结果制得了无水氟化氢。

为了加强电解效果，莫瓦桑往无水氟化氢里加入氟化钾，这样它的导电性就大大加强了。接下来要考虑的，是电解器的电极要用什么材料。

莫瓦桑想到，以前的化学家曾经用白金、萤石作电极，但都不成功。根据自己在实验中的摸索，莫瓦桑选择了铂铱合金作电极。

电解实验开始了，莫瓦桑调着温度。当温度降至 −23℃时，他看到一种淡黄绿色的气体渐渐出现，伴随着一股臭味。这曾经让多少化学家望而却步的"死亡元素"——氟，终于被莫瓦桑制服了。从此，氟就像一匹被套上缰绳的野马，开始服服帖帖地为人类服务了。

延伸阅读

氟的用途

（1）制造含氟高分子材料，如聚四氟乙烯塑料、含氟质子交换膜。

（2）含氟农药。由于有机分子中的氟原子和三氟甲基等有强的亲酯性，故在农药分子中引入氟原子可以显著降低其用量。

（3）氟碳相的应用。利用氟碳相在高温与有机相互溶、低温下则不互溶的性质，可以用于萃取有机相中的含氟化合物。也可以由此特性使用亲氟或含氟的催化剂，在反应过程中使包含催化剂的氟碳相和有机相互溶，而反应完成后则降温，使大部分催化剂仍然留在氟碳相中，从而节约催化剂的用量。

（4）不少商家在牙膏中加入含氟化合物，可以有效防止蛀牙。氯氟碳化合物（氟氯代烷）（俗称氟利昂 Freon）或者溴氟碳化合物等。被用作灭火剂和空调制冷剂。需要指出的是，导致臭氧层分解的是氟利昂因光解产生的氯自由基，而非氟原子。所以现在一些绿色冰箱制造商所打的"不含氟"口号容易造成"氟元素破坏臭氧层"的误解。其中的"氟"应为含氯的"氟利昂"。

（5）六氟化铀（UF6），用于使用气体扩散法分离同位素 U – 235 和 U – 238。和 Pu – 239 一样，前者可以用于制造核弹。当一定形状的 U – 235 超过临界质量后，中子可以引发其链式反应而瞬间释放巨大能量。后者 U – 238 则只能用于增殖弹。气体扩散法利用六氟化铀 – 235 和六氟化铀 – 238 分子质量的微小差异，通过扩散来富集前者。由于扩散速率和分子量的平方根成反比，所以这个方法需要庞大且耐腐蚀（六氟化铀易水解释放出有毒且腐蚀性的 UO_2F_2 和 HF）的设备，因而代价高昂。第二次世界大战时美国的"曼哈顿工程"就是通过这个方法浓缩到足够制造核弹的 U－235 的。

（6）人造血液。一些全氟醚类化合物可以携带氧气和部分人体需要的养料和排泄物等。在需要全身换血时，可以用它暂时代替病人体内的血液；由于其挥发性，待几天后可自行排出。因为全氟化合物很稳定，一般很少有毒副作用。